平 面 设 计 进 阶 书 系

色彩创意搭配

gaatii光体 —— 编著

重庆出版集团 重庆出版社

图书在版编目(CIP)数据

色彩创意搭配 / gaatii光体编著. -- 重庆 : 重庆出版社, 2022.12

ISBN 978-7-229-17393-7

Ⅰ. ①色… Ⅱ. ①g… Ⅲ. ①配色 Ⅳ. ①TS193.1

中国版本图书馆CIP数据核字(2022)第242096号

色彩创意搭配
SECAI CHUANGYI DAPEI

gaatii光体　编著

策　　划　夏　添　张　跃
责任编辑　张　跃
责任校对　何建云

策划总监　林诗健
编辑总监　柴靖君
设计总监　陈　挺
编　　辑　林诗健
设　　计　林诗健

销售总监　刘蓉蓉
邮　　箱　1774936173@qq.com
网　　址　www.gaatii.com

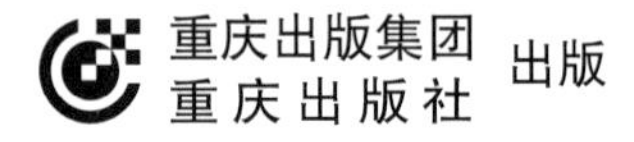

出版

重庆市南岸区南滨路162号1幢　邮政编码：400061　http://www.cqph.com
佛山市华禹彩印有限公司印制
重庆出版集团图书发行有限公司发行
E-MAIL:fxchu@cqph.com　邮购电话：023-61520678
全国新华书店经销

开本：787mm×1092mm　1/16　印张：10.5
2023年4月第1版　2023年4月第1次印刷
ISBN 978-7-229-17393-7
定价：128.00元

如有印装质量问题，请向本集团图书发行有限公司调换：023-61520678

第一章

色彩基础

在我们的生活中色彩无处不在，它是最容易引起人们关注的视觉元素。在平面设计中色彩是应用最广泛的基础要素，通过对色彩的创意搭配可以创造出大量吸引眼球、符合客户需求的作品。

色彩是怎么来的？它包括哪些元素？有什么特性？怎么样才能更加科学合理地利用色彩？这些对设计师来说都属于十分必要了解掌握的基础知识。

发现色彩

1666 年，牛顿利用一块三棱镜进行分解太阳光的色散实验。他将房间布置成暗室，只在窗板上开一个圆形小孔，让太阳光射在小孔面前放一块三棱镜，鲜艳的七彩色带瞬间在对面墙上显现出来。色带的这七种颜色由近及远依次排列为红、橙、黄、绿、蓝、靛、紫。牛顿假设，白光通过三棱镜后变成七种颜色的光是因为白光与棱镜的相互作用的结果，那么各种颜色的光经过第二块棱镜时必然会再次改变颜色。但后续实验发现，经过第二块三棱镜时光的颜色并没有发生变化，显然上述关于光与棱镜相互作用而变色的说法不成立，由此揭示光是色彩产生的原因，没有光便不存在色彩。

牛顿三棱镜色散实验

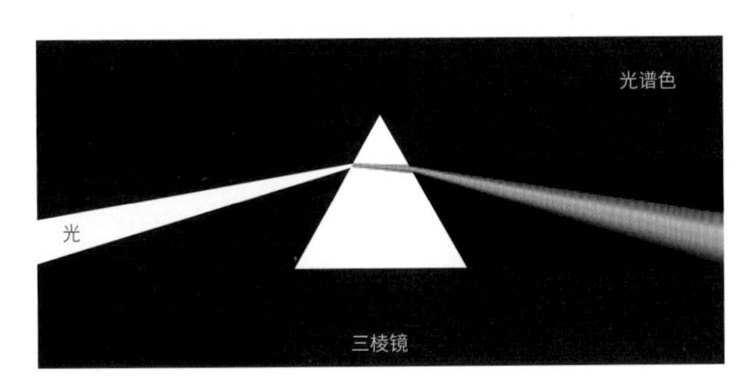

我们所说的光通常是指电磁波中的可见光。可见光是指人类可以感应到的光线范围，是电磁波中很小的部分，波长介于 400~700 nm （纳米，即十亿分之一米）。根据可见光的波长由短到长的顺序，我们可以识别紫、蓝、绿、黄、橙、红等色彩。其中红色的波长最长，紫色的波长最短。

 紫色 Violet—400~450 nm

 蓝色 Blue—450~495 nm

 绿色 Green—495~570 nm

 黄色 Yellow—570~590 nm

 橙色 Orange—590~620 nm

 红色 Red—620~700 nm

孟塞尔色彩系统

孟塞尔色彩系统（Munsell Color System）是色度学（或比色法）里透过明度（value）、色相（hue）及色度（chroma）三个维度来描述颜色的方法。

这个颜色描述系统是由美国艺术家阿尔伯特 · 孟塞尔（Albert H. Munsell，1858 — 1918）在 1898 年创制。他所创制的这个定义色彩的方法，在艺术和科学之间架起了一座必要的桥梁，改变了以往只能通过色彩名称描述色彩的混乱状态，也为后续更加精准的色彩研究和应用提供了极大的帮助。

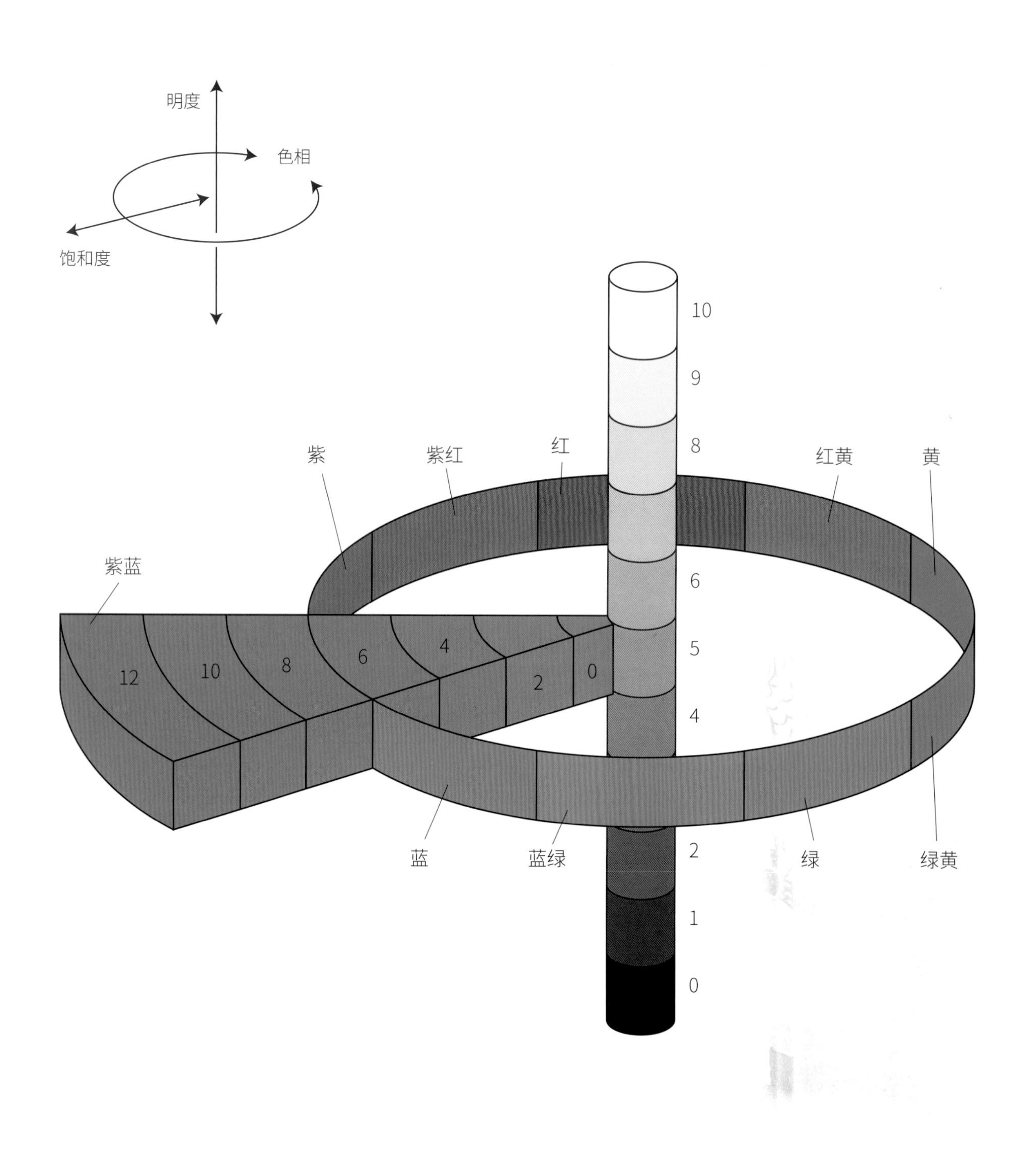

色彩三要素

任何一个色彩都由色相、明度、纯度三个要素组成。清晰地了解这三个要素的内涵，将会对色彩的搭配使用打下坚实的基础。

色相

色相是色彩的主要特征，是区分不同色彩最准确的标准。基本色相有六种：红、橙、黄、绿、蓝、紫。色相在配色中起到至关重要的作用，画面呈现的色彩调性往往由色相决定。

六种基本色相

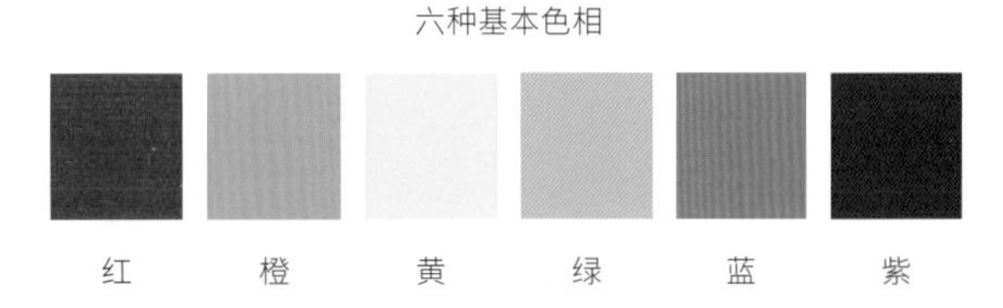

红　橙　黄　绿　蓝　紫

采用多种不同色相的色彩搭配

设计：Mark Klaverstijn
Paul du Bois-Reymond

明度

明度指色彩的明暗程度，也称为亮度，是色彩深浅变化的判断标准，常以黑、白、灰的关系进行测量。在无彩色中，白色的明度最高，黑色的明度最低；在有彩色中，黄色的明度最高，紫色的明度最低。明度在配色中起到对比、调和的作用。如果画面中所有颜色的色相和饱和度都比较接近，则可以利用明度拉开对比。

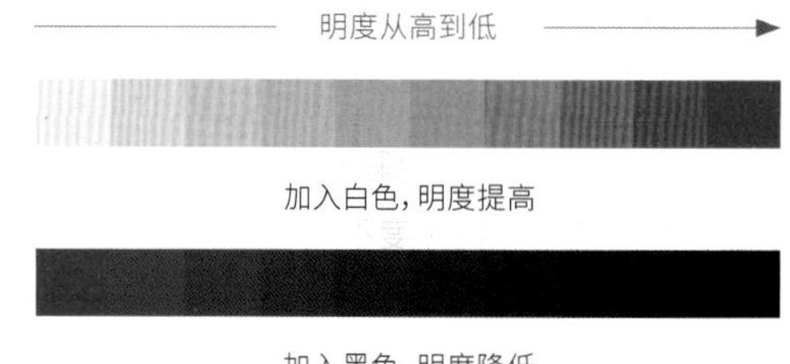

加入白色，明度提高

加入黑色，明度降低

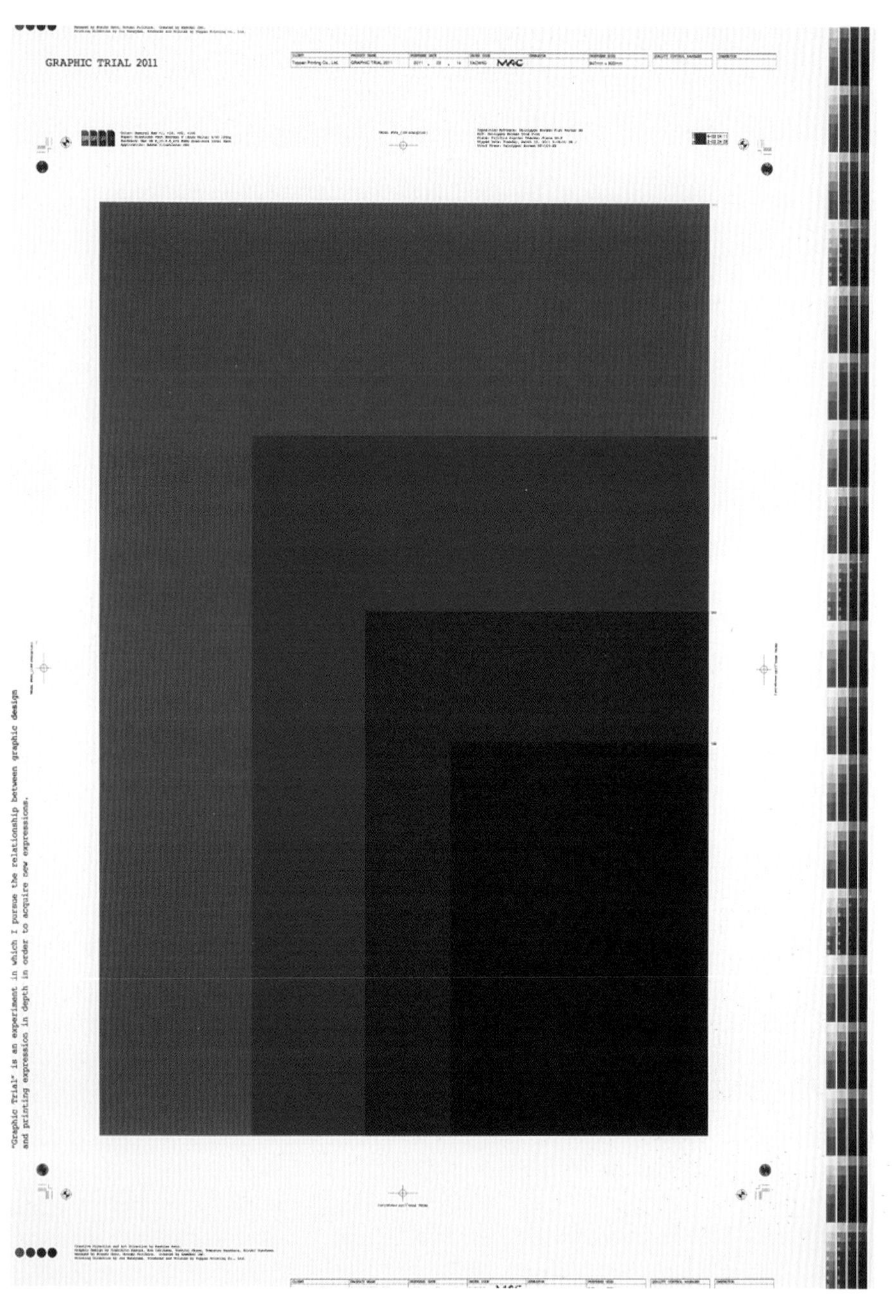

改变色相明度的对比

设计：佐藤可士和

纯度

纯度指颜色的鲜艳程度，也叫饱和度或浓度，其测量范围是 0%（灰）~100%（完全饱和）。饱和度影响颜色中纯色的多寡，饱和度高的色彩看起来鲜艳、饱满、生动，随着其他色彩的加入饱和度不断降低，颜色由鲜艳变浑浊。纯度最高的是纯色，纯度最低的色彩是灰色。

因此，在配色过程中，如果想要保持色彩高纯度的表现，就要维持色彩浓度并减少混入过多的颜色。反之，可以加入其他色，以降低色彩浓度，达到低饱和度的色彩效果。

纯度从高到低

黄色（Y100）的 Y 值越低，纯度越低

蓝色（C100）加入黑色值越高，纯度越低

高纯度配色

设计：Marios Linakis, Antonis Katsillis

低纯度配色

设计：松永美春

有彩色与无彩色

根据色彩是否具有色相、纯度这两大要素，可以将色彩分为无彩色和有彩色两种类型。

无彩色

无彩色不以色相或纯度进行区分，仅靠明度拉开色彩间的对比。一般来说是纯白到纯黑色的过渡，由明到暗，中间会有浅灰、中灰、深灰等过渡色彩。

由于无彩色不具备色相与纯度的特征，所以能很好地与各种颜色相搭配，起到调和色彩的作用。

纯白过渡到纯黑

无彩色搭配

设计：Sheida Assa

有彩色

有彩色具有基本的色相、明度、纯度特征，可以在红、橙、黄、绿、蓝、紫这六种基本色相中显示出来，通过不同比例的混合或搭配无彩色，从而产生无数种颜色。

有彩色丰富多样，但是色彩过多也会容易引起视觉混乱的问题。在初学色彩时，我们可以通过限制用色数量（如两至三种颜色）来降低配色的难度；或者运用同类色、近似色、互补色等配色原理进行搭配。

两种颜色的搭配

三种颜色的搭配

四种颜色的搭配

多种颜色的搭配

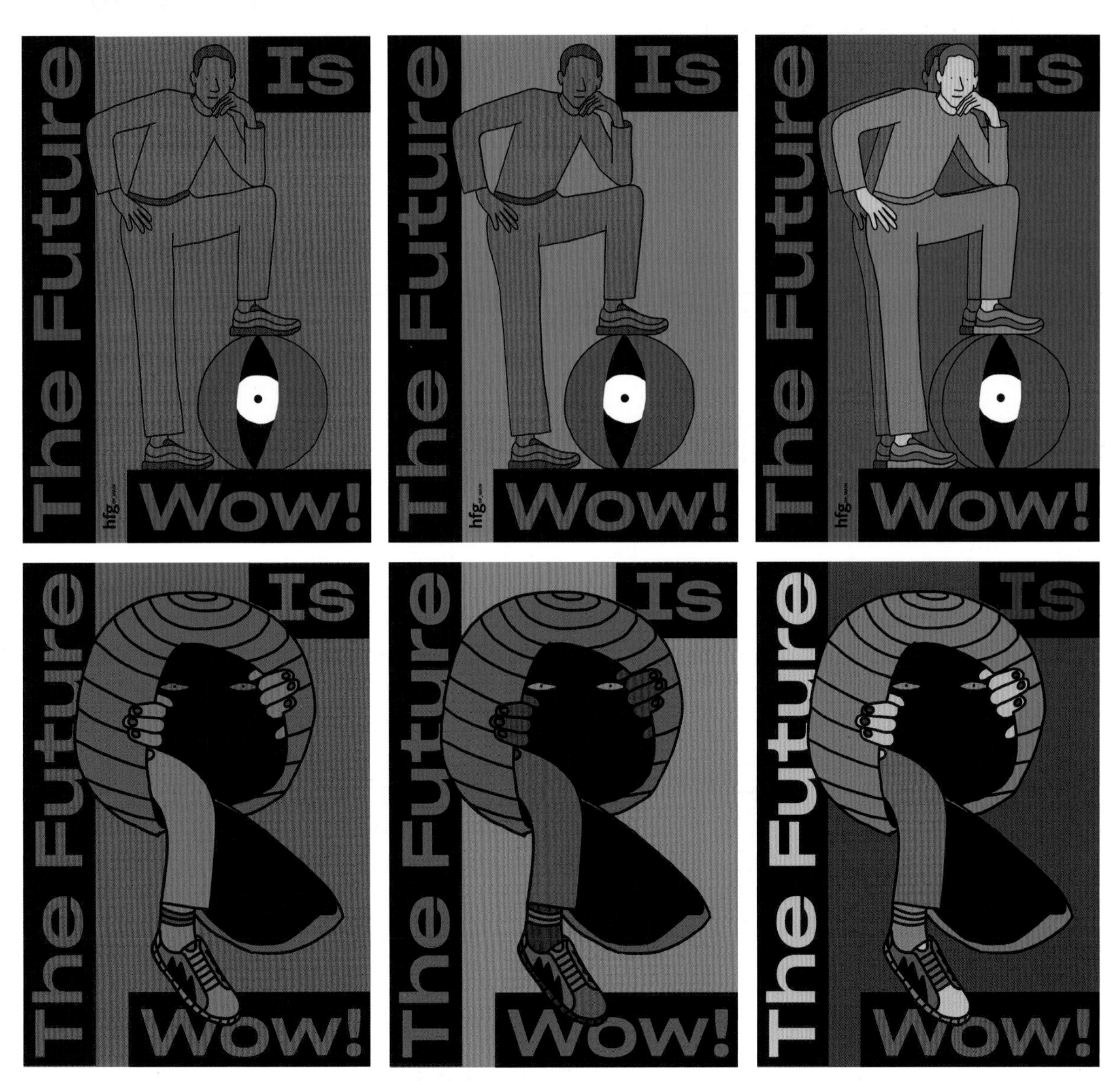

不同色彩搭配视觉体验

设计：Jan Münz, Jan Buchczik

色彩模式

目前比较通用的色彩呈现模式分为两种，分别是RGB模式和CMYK模式。它们的呈现原理和应用范围完全不一样。RGB色彩主要运用于电子设备的显示上，CMYK则主要应用于印刷品上。同时还有一种应用相对较少的色彩模式就是专色，也就是我们常说的潘通色（PANTONE）。

RGB 色彩

RGB色彩是一种光学色彩模式，通过将红（Red）、绿（Green）、蓝（Blue）三原色以不同的比例调和而生成各种色彩。RGB 三原色的混合原理可以理解为有规律地开关三盏颜色不一的灯：想象面前有三盏灯，分别是红色、绿色和蓝色，每盏都有 256 阶的亮度（即 0~255 度可调节），把三盏灯均调到最低亮度 0 时，眼前一片漆黑；把三盏灯均调至最高亮度 255 时，眼前一片亮白；若把这三盏灯调至不同的亮度，如红色调至 255，绿色调至 255，蓝色调至 0，眼前会是一片黄色。因此，RGB 模式也被称为加色模式，色彩叠加的次数越多，成色越显亮白。RGB 模式的色域非常宽广，可以搭配出千百万种颜色组合。

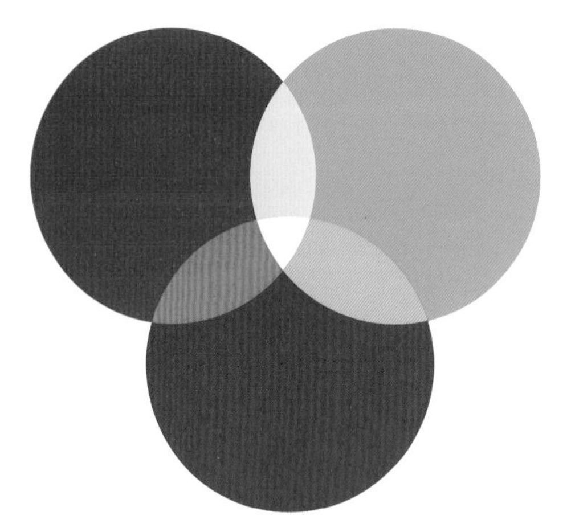

RGB叠加的中心区域为最亮的白色

如何选取 RGB 色彩

在设计软件拾色器工具最左侧的色域工作区中，色彩的饱和度横向逐渐提高（如箭头 1 所示），明度纵向（如箭头 2 所示）逐渐降低。中间的色条（3）为色相工作区，可以通过上下滑动，改变颜色的色相。

同样在拾色器里，我们可以通过手动输入 RGB、CMYK 数值或十六进制色彩代码来获取所需的颜色。十六进制颜色代码是指通过电脑设定生成的屏幕颜色代码，如 #ffffff 为纯白，#000000 为纯黑，可与 RGB 数值转换，但不能与 CMYK 数值完全对应。

1：颜色从左至右逐渐饱和 2：颜色从上而下逐渐变深

3：色相指示

CMYK 色彩

CMYK色彩是一种网点套色模式，通过将青色（Cyan）、洋红色（Magenta）、黄色（Yellow）、黑色（Black）这四原色油墨混合，形成“彩色印刷”。各原色网点色阶为 0%~100%。如果把 100%的青色、洋红色和黄色相混合叠加，能生成黑色（见下图）。四色油墨混合叠加的次数越多，明度越低，颜色就越暗沉，因此 CMYK 模式也被称为减色模式，相对于 RGB 模式，它的色域没那么宽广。

CMYK叠加的中心区域为黑色

CMYK 色板

在CMYK 模式下，除了在色域工作区选色，还可以直接输入 C、M、Y、K 数值来获取颜色（相较于 RGB 模式以百分比显示的数值更为直观）。

我们可以通过改变 CMYK 色值来调整颜色（如右图 所示）：

若将色值“Y100”改为“Y50”，色彩的纯度降低，但明度会随之提高。若将色值“M100”和“Y100”中的 Y 值保持不变，M 值改为“M50”，色相就会偏向色值高的颜色。若加入黑色，“C50、Y100”设为“C50、Y100、K20”，明度明显降低，但色相不会因此而改变。若加入对比色，“C50、Y100”设为“C50、M20、Y100”，明度降低，色相也会改变。

专色

是通过一系列特定油墨混合而成的颜色，纯度很高，色彩鲜艳明亮，可由油墨厂商预调，从而找到符合预期的色彩。所有专色都有特定的色号，可以在色卡上找到，如知名厂商潘通（Pantone）、大日本油墨化学公司（DIC），它们的色卡作为色彩指南可以帮助找到特定的专色或最接近CMYK 印刷色的模拟色彩。常见的印刷专用色卡有 C 卡（Coated）和 U 卡（Uncoated），分别用以查找印刷在光面涂布纸或哑光非涂布纸上的色彩。

* 即使是同一个颜色，通过CMYK、RGB、专色三种不同的色彩模式呈现出来都会有差异。

潘通色卡

如何选取专色色彩

要想使用专色，要先购置专用的色卡，在正常自然光下，选取所需的颜色，然后进入电脑软件，将色号添加至设计文件中：在 Illustrator 里使用“色板”中的“色标簿”进行添加；或在 InDesign 里使用“色板”中的“新建色板”进行添加。

值得一提的是，在 Pantone 色号中，色号 801~807 为荧光色，色号 871~877 为专色金和专色银，这些都是专色中较为特殊的颜色。另外，即使颜色在 C 卡和 U 卡上是同一色号，也会由于承印物的不同，出现一定程度的色差。通常情况下，荧光色印刷在非涂布纸上，会更显荧光质感，而其他颜色印刷在涂布纸上会有更佳的色彩呈现效果。

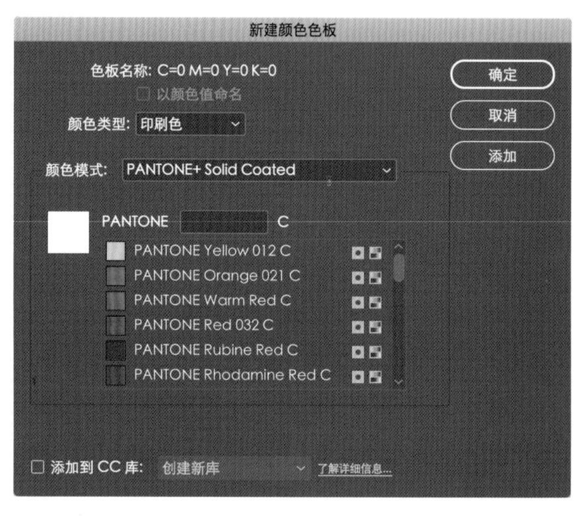

可在“颜色模式”中选择不同的专色色卡，输入色号获取颜色

RGB为电子显示色彩，呈现方式由光电子的叠加形成。R：红、G：绿、B：蓝。

CMYK为印刷色彩，呈现方式通过油墨以网点的形式在纸张上融合形成。C：青、M：洋红、Y：黄、K：黑。

专色为专门调制的色彩，呈现时通常为单一的色彩，不需要融合其他颜色。

CMYK 四色印刷的呈色机制

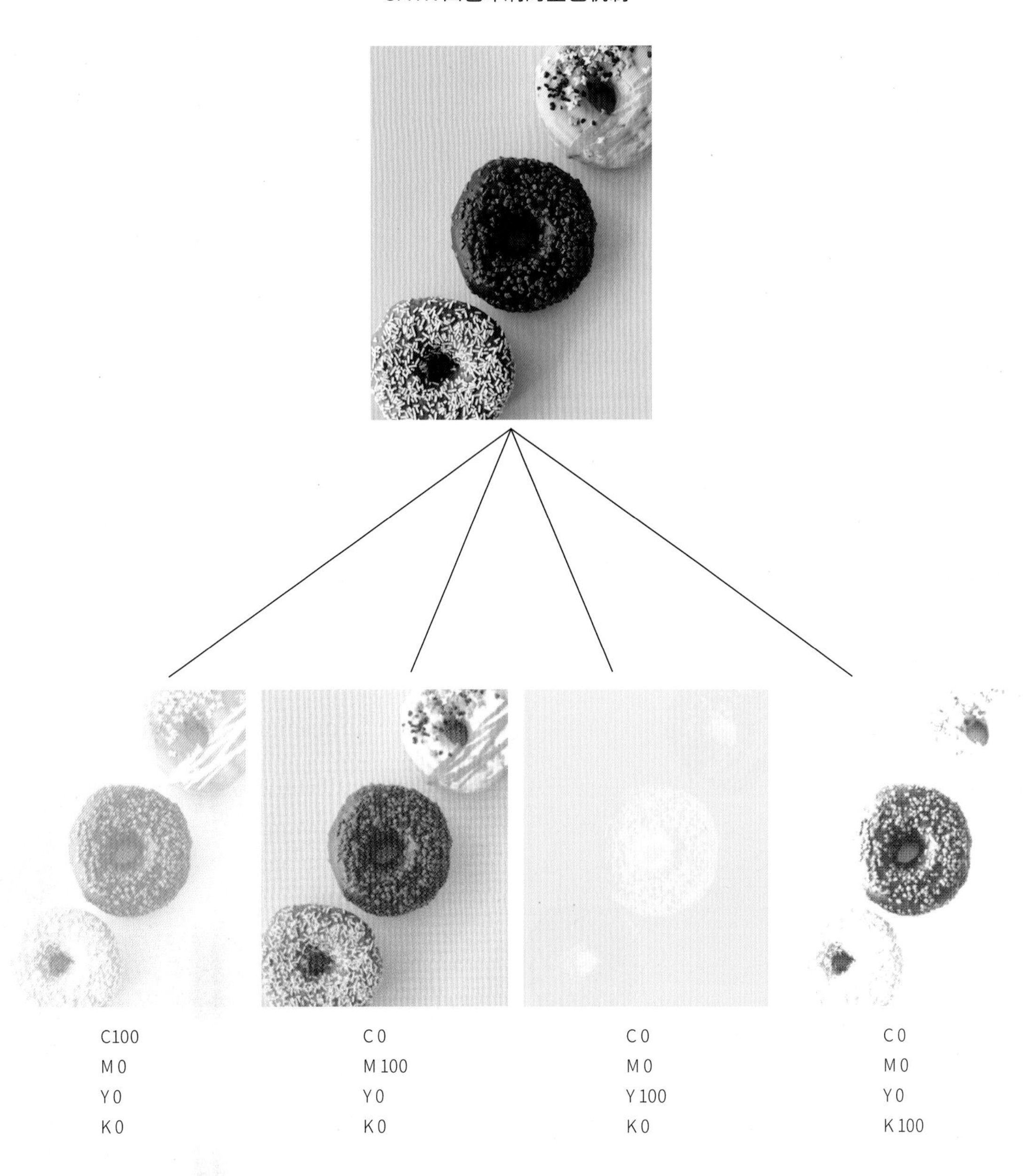

色相环

色相环（也称为色轮）是将色相按照一定的顺序排列组合而成的环。它是色彩学的一个工具，可以帮助人们理解色彩之间的关系，并进行色彩搭配。基础的十二色色相环由瑞士色彩学大师约翰·伊顿（Johannes Itten）提出，其结构为以三原色为基础色相构成的一个等边三角形，在三原色之间加入二次色，再将这六种颜色中相邻的两种颜色调和后得到三次色，加入六种颜色之间便产生了十二色色相环。

除了基础的十二色色相环外，也可依此延伸出二十四色色相环、四十八色色相环甚至是更多色的色相环。

三原色

三原色是指不通过叠加调和的三种最基本的颜色。每个色彩系统都有不同的三原色：美术绘画（RYB）里，红、黄、蓝为三原色；RGB 模式中的三原色是红、绿、蓝；而 CMYK 模式中的三原色是青、洋红、黄。

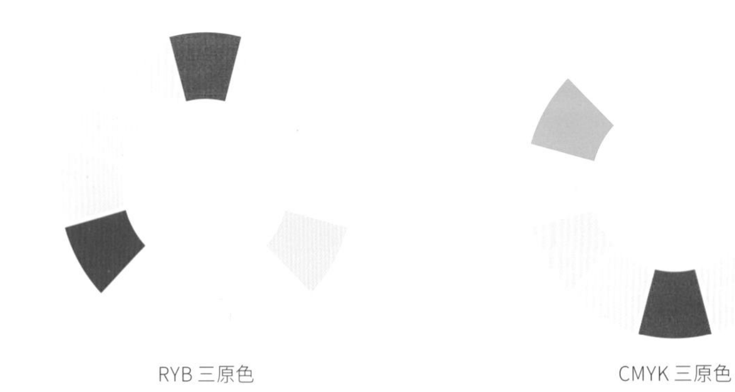

RYB 三原色　　CMYK 三原色

二次色

二次色，也称为间色，是两种原色互调而成的色彩。在美术绘画（RYB）中，二次色是橙（红+黄）、绿（黄+蓝）、紫（红+蓝）；RGB 模式中的二次色是黄（红+绿）、青（绿+蓝）、洋红（红+蓝）；CMYK 模式中的二次色则是蓝（青+洋红）、红（红+黄）、绿（黄+青）。

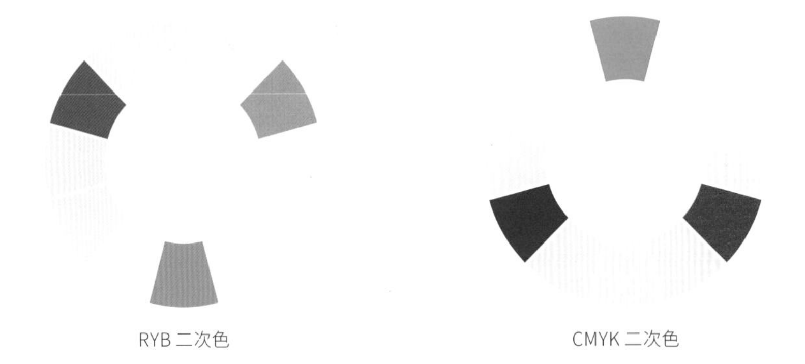

RYB 二次色　　CMYK 二次色

三次色

三次色，又称为复色，是由三原色和二次色混合而成的颜色，每个色彩系统都有六种三次色，均在色相环中处于原色与二次色之间。

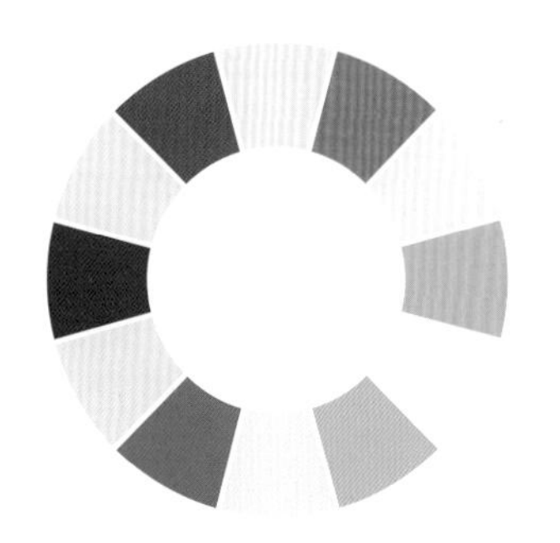

RYB 三次色

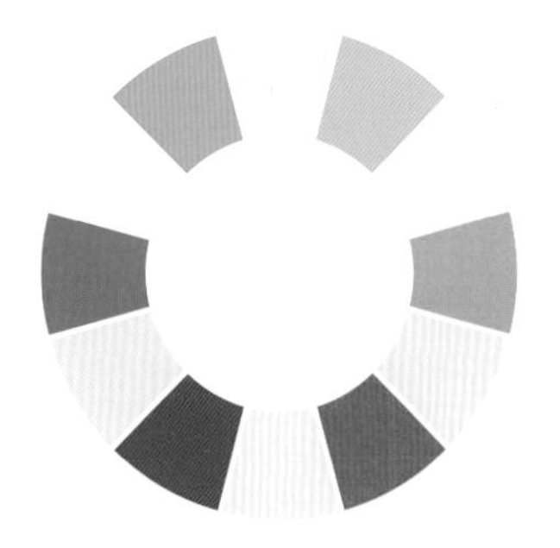

CMYK 三次色

十二色相环

三原色、二次色和三次色共同构成了十二色相环。最早提出十二色相环理论的，是英国昆虫学家莫塞斯 · 哈里斯（Moses Harris）。牛顿于 1704 年发表了其著作《光学》，在此之后，哈里斯将牛顿的光学理论与他在自然界中所观察到的现象结合在一起，手绘了以 660 种色调排列的色环，并发布在名为《自然色彩系统》一书中。尽管这本书最初是为研究昆虫色彩而编写的，但是为日后艺术家们的创作提供了更有逻辑的依据，帮助他们合理用色。而现在，每个色彩系统都发展出属于它自己的十二色相环，如用于美术绘画的“RYB 色相环”，用于光学、电子显像设备的“RGB 色相环”，用于彩色印刷的“CMYK 色相环”。每个色相环都有不同的三原色，以此进行区分，我们可以根据应用场景的需求来选择色相环。

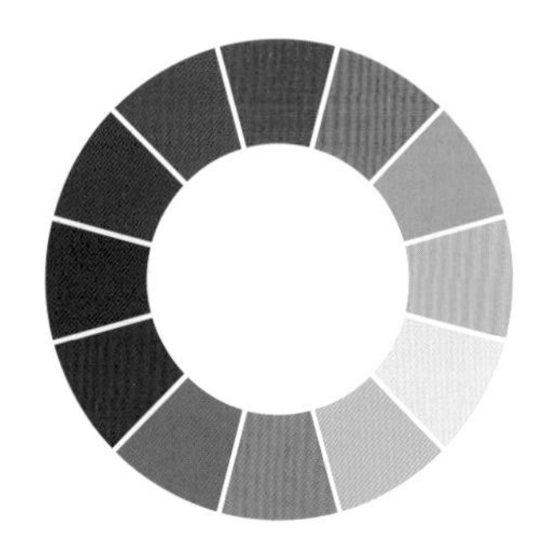

RYB 十二色相环

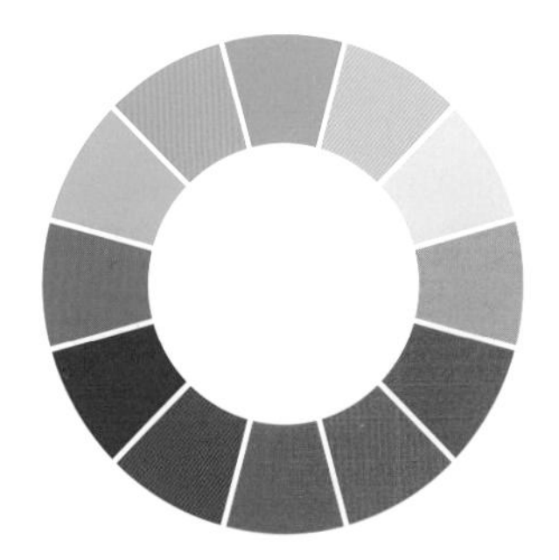

CMYK 十二色相环

* 由于书籍采用 CMYK 四色印刷，其色域无法真实还原 RGB 的色彩，因此这里仅展示 RYB 和 CMYK 十二色相环。

色名	CMYK	色名	CMYK
嫩色	C20 M0 Y95 K0	胭脂色	C30 M95 Y95 K0
柳黄色	C15 M0 Y90 K0	朱红色	C0 M75 Y90 K0
竹青色	C50 M25 Y70 K0	茜色	C10 M90 Y60 K0
葱青色	C70 M0 Y100 K0	赫赤色	C5 M100 Y90 K0
绿沉色	C85 M10 Y100 K0	洋红色	C0 M100 Y50 K0
碧色	C55 M0 Y50 K0	绾色	C25 M50 Y50 K0
翡翠色	C20 M0 Y20 K0	檀色	C20 M65 Y55 K0
草绿色	C65 M0 Y95 K0	鹅黄色	C5 M5 Y90 K0
鸭卵青	C10 M0 Y10 K0	鸭黄色	C5 M0 Y70 K0
蟹壳青	C20 M10 Y10 K0	樱草色	C10 M0 Y80 K0
鸦青色	C80 M50 Y50 K10	杏黄色	C0 M30 Y100 K0
绿色	C80 M0 Y100 K0	杏红色	C0 M60 Y90 K0
绿豆色	C30 M0 Y90 K0	橘黄色	C0 M50 Y85 K0
豆青色	C20 M0 Y70 K0	橘橙色	C0 M50 Y100 K0
松柏绿	C70 M0 Y70 K0	橘红色	C0 M70 Y90 K0
松花绿	C85 M30 Y90 K0	姜黄色	C0 M20 Y65 K0
松粉色	C15 M0 Y70 K0	缃色	C0 M20 Y90 K0
粉红色	C0 M30 Y30 K0	橙色	C0 M55 Y90 K0
妃色	C0 M80 Y90 K0	茶色	C20 M75 Y80 K0
品红色	C0 M100 Y70 K0	驼色	C25 M45 Y70 K0
桃红色	C0 M60 Y40 K0	昏黄色	C13 M35 Y86 K0
海棠红	C0 M85 Y45 K0	栗色	C55 M95 Y95 K10
石榴红	C0 M95 Y95 K0	棕色	C20 M70 Y95 K0
樱桃色	C0 M90 Y60 K10	棕绿色	C45 M50 Y100 K0
银红色	C0 M80 Y70 K0	棕黑色	C50 M80 Y100 K5
大红色	C0 M100 Y100 K0	棕红色	C25 M85 Y100 K0
绛紫色	C40 M80 Y55 K0	棕黄色	C20 M60 Y100 K0
绯红色	C10 M90 Y90 K0	赭色	C30 M75 Y90 K0

琥珀色 C10 M65 Y95 K0
褐色 C50 M65 Y100 K10
枯黄色 C10 M25 Y55 K0
黄栌色 C5 M40 Y85 K0
秋色 C40 M55 Y90 K0
秋香色 C10 M20 Y95 K0
赤金色 C0 M25 Y85 K0
乌金色 C30 M40 Y85 K0
天蓝色 C40 M0 Y0 K0
靛青色 C80 M30 Y10 K0
靛蓝色 C90 M60 Y30 K0
碧蓝色 C55 M0 Y30 K0
蔚蓝色 C50 M0 Y10 K0
蓝灰色 C30 M20 Y0 K0
藏蓝色 C90 M80 Y0 K0
黛螺色 C75 M75 Y30 K0
黛绿色 C75 M45 Y55 K0
黛蓝色 C80 M60 Y40 K0
紫色 C55 M85 Y0 K0
酱紫色 C45 M70 Y50 K0
紫檀色 C60 M95 Y95 K20
绀青色 C100 M80 Y15 K0
紫棠色 C70 M100 Y20 K0
青莲色 C70 M90 Y0 K0
群青色 C70 M20 Y15 K0
雪青色 C40 M33 Y0 K0
丁香色 C27 M42 Y0 K0
藕色 C7 M16 Y7 K0

象牙白 C2 M3 Y6 K0
雪白色 C7 M2 Y4 K0
月白色 C18 M4 Y9 K0
缟色 C5 M5 Y10 K0
素色 C10 M5 Y10 K0
茶白色 C5 M0 Y5 K0
霜色 C10 M5 Y5 K0
鱼肚白 C0 M5 Y5 K0
牙色 C5 M10 Y30 K0
铅白色 C5 M5 Y0 K0
灰色 C45 M40 Y40 K0
玄色 C50 M90 Y90 K10
玄青色 C80 M75 Y50 K10
乌色 C55 M60 Y20 K0
乌黑色 C80 M80 Y60 K20
漆黑色 C90 M85 Y60 K45
墨色 C70 M50 Y40 K0
墨灰色 C50 M30 Y25 K0
帛黑色 C65 M85 Y75 K20
煤黑色 C70 M80 Y80 K40
黧色 C60 M65 Y80 K10
黎色 C50 M55 Y80 K5
黝色 C60 M50 Y30 K0
黝黑色 C60 M60 Y60 K5
黯色 C80 M55 Y55 K5
湖蓝色 C60 M0 Y20 K0
仓黄色 C30 M30 Y45 K0

第二章

色彩的类型

依据对色彩的研究和对色环的运用，人们对色彩的认知在不断地拓展，并形成相对完善的知识理论体系。其中包括色彩类型的区分、色彩的对比、色彩的心理感受等。

色彩的类型

色彩的类型区分包括:同类色、邻近色、互补色、对比色。这里每一个不同类型的颜色都可以在色环中依据不同角度的区分直接查询获得。同时还有冷、暖色的区分。

以CMYK 色环为例,在十二色相环的基础上,每 15°划分一种颜色,便形成CMYK 二十四色相环。

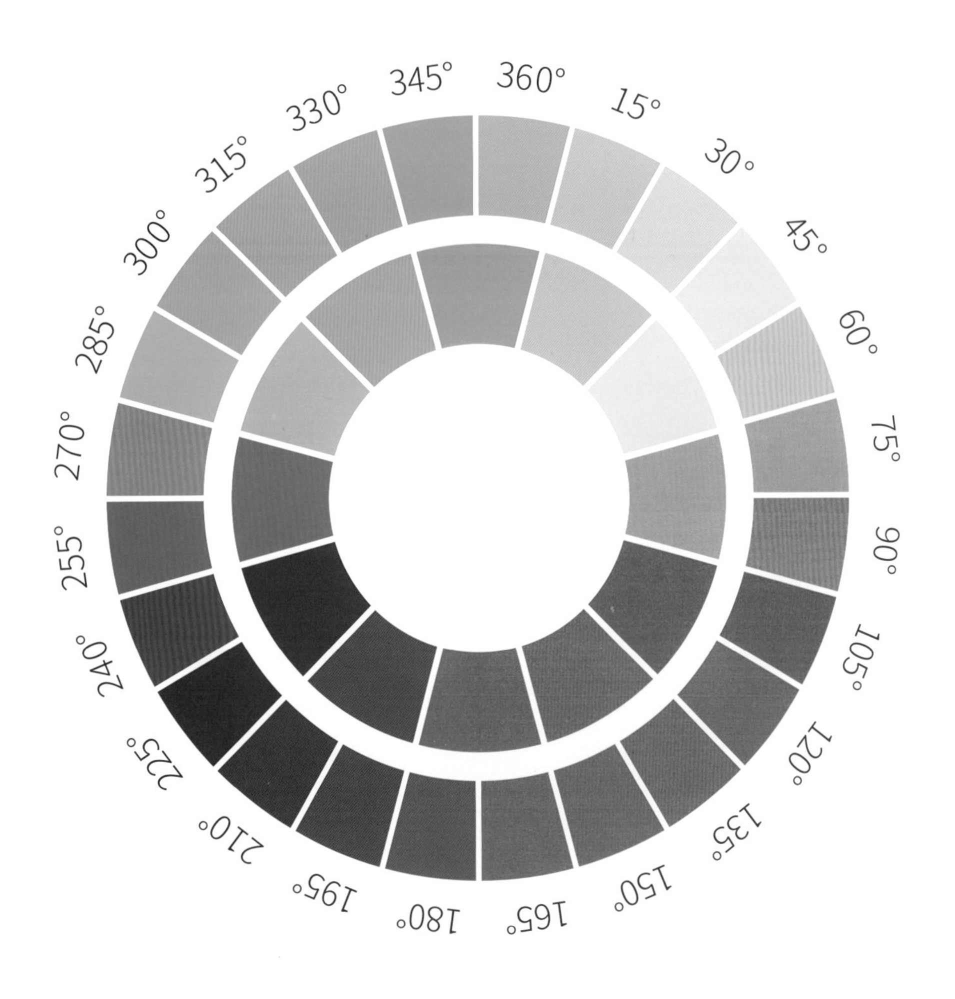

CMYK 二十四色相环

同类色

在色相环上，15 °夹角内的颜色是同类色。使用同类色进行配色的画面，主色调明确，具有和谐统一的色彩效果，整体调性柔和，视觉上让人感到舒适。

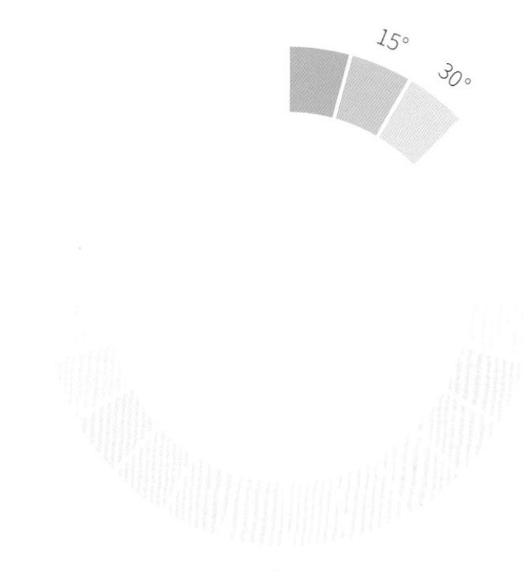

同类色

C19	R217	C29	R199	C52	R148
M86	G64	M100	G0	M100	G31
Y10	B145	Y33	B107	Y51	B87
K0		K0		K5	

C28	R199	C47	R148	C61	R79
M100	G15	M100	G28	M100	G10
Y68	B66	Y76	B56	Y79	B31
K0		K13		K52	

C7	R237	C18	R217	C42	R163
M66	G120	M90	G56	M95	G43
Y47	B112	Y64	B74	Y80	B56
K0		K0		K7	

C2	R250	C16	R222	C45	R166
M25	G212	M90	G48	M96	G41
Y2	B227	Y19	B130	Y46	B97
K0		K0		K1	

C19	R217	C25	R204	C44	R158
M51	G145	M71	G102	M74	G87
Y76	B71	Y100	B20	Y98	B38
K0		K0		K7	

C8	R240	C6	R242	C33	R189
M36	G184	M51	G153	M60	G120
Y51	B130	Y80	B56	Y90	B46
K0		K0		K0	

C23	R214	C28	R204	C46	R161
M31	G181	M37	G166	M51	G130
Y80	B69	Y98	B0	Y99	B36
K0		K0		K1	

C7	R255	C15	R237	C29	R204
M2	G242	M13	G219	M27	G184
Y78	B64	Y84	B48	Y89	B43
K0		K0		K0	

C47	R158	C61	R120	C75	R77
M7	G199	M29	G156	M54	G97
Y98	B20	Y99	B46	Y100	B46
K0		K0		K19	

C62	R87	C71	R33	C76	R66
M8	G194	M18	G173	M43	G130
Y8	B235	Y6	B229	Y32	B158
K0		K0		K0	

C86	R59	C100	R0	C100	R25
M77	G74	M85	G56	M100	G35
Y7	B158	Y0	B148	Y50	B80
K0		K0		K20	

C54	R143	C68	R112	C86	R64
M62	G112	M77	G79	M90	G51
Y6	B176	Y16	B148	Y46	B94
K0		K0		K13	

C53	R107	C13	R227	C14	R224	C47	R143	C38	R176
M100	G15	M75	G97	M94	G38	M91	G51	M99	G31
Y100	B20	Y57	B92	Y100	B18	Y80	B54	Y100	B36
K39		K0		K0		K16		K4	

C61	R117	C3	R249	C9	R247	C17	R224	C27	R204
M55	G107	M12	G227	M13	G224	M17	G212	M32	G176
Y100	B41	Y40	B168	Y69	B97	Y46	B153	Y75	B82
K11		K0		K0		K0		K0	

C82	R74	C73	R94	C56	R133	C37	R176	C95	R43
M78	G74	M63	G102	M51	G128	M31	G176	M94	G48
Y7	B158	Y7	B173	Y22	B163	Y4	B214	Y40	B105
K0		K0		K0		K0		K6	

C27	R204	C38	R181	C71	R89	C46	R158	C66	R110
M4	G224	M5	G212	M56	G99	M27	G171	M42	G133
Y50	B153	Y75	B92	Y80	B69	Y61	B117	Y100	B48
K0		K0		K15		K0		K2	

设计：another design

以同类色为基调设计的书籍封面。

设计：another design

2019 深港城市/建筑
双城双年展
BI-CITY BIENNALE OF URBANISM / ARCHITECTURE 2019
45.972μg/m³
2019.12 – 2020.03
城市交互
URBAN
INTERACTIONS
18.252/min
294.469 MT
23.021℃
城市交互
URBAN
INTERACTIONS
2019.12 – 2020.03
城市交互
URBAN
INTERACTIONS
2019.12 – 2020.03
7000.0 m
75.0 %
21.557℃
18.493
2019.12 – 2020.03

邻近色

在色相环上，60 °夹角内的两种颜色是邻近色。邻近色往往都是以不同比例调和而成的（橙色为 M75 Y100，洋红色为 M100 Y25）。

使用邻近色进行配色，在色相较为统一的前提下，能获得比同类色更丰富的色彩变化。

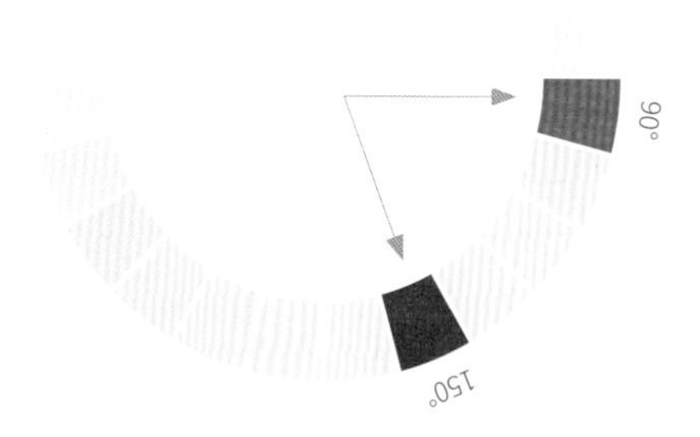

邻近色

C11	R229	C8	R235	C20	R217
M99	G0	M80	G84	M51	G145
Y100	B18	Y99	B5	Y95	B20
K0		K0		K0	

C23	R209	C56	R145	C81	R92
M98	G0	M100	G0	M100	G0
Y25	B117	Y11	B117	Y12	B143
K0		K0		K0	

C6	R242	C24	R214	C34	R194
M55	G143	M27	G188	M4	G217
Y93	B3	Y89	B41	Y88	B46
K0		K0		K0	

C6	R242	C17	R219	C11	R229
M55	G143	M84	G71	M94	G31
Y89	B28	Y100	B18	Y49	B89
K0		K0		K0	

C10	R250	C15	R229	C8	R237
M4	G237	M42	G166	M66	G120
Y83	B43	Y94	B5	Y85	B43
K0		K0		K0	

C4	R250	C24	R214	C24	R209
M6	G232	M32	G178	M51	G143
Y70	B97	Y96	B0	Y99	B5
K0		K0		K0	

C76	R51	C53	R138	C8	R255
M16	G163	M0	G204	M2	G242
Y99	B56	Y92	B51	Y86	B0
K0		K0		K0	

C82	R0	C81	R36	C100	R23
M27	G145	M43	G128	M95	G43
Y83	B87	Y29	B163	Y23	B133
K0		K0		K0	

C71	R33	C73	R102	C91	R28
M18	G173	M82	G69	M74	G79
Y6	B229	Y8	B153	Y7	B163
K0		K0		K0	

C71	R33	C62	R107	C38	R184
M18	G173	M7	G186	M5	G212
Y6	B229	Y80	B89	Y84	B66
K0		K0		K0	

C72	R105	C43	R166	C45	R156
M87	G59	M91	G56	M71	G92
Y8	B148	Y62	B79	Y95	B43
K0		K3		K7	

C72	R105	C81	R64	C76	R54
M87	G59	M62	G99	M24	G153
Y8	B148	Y19	B158	Y66	B115
K0		K0		K0	

C27	R201	C12	R229	C18	R219	C4	R245	C53	R143
M86	G69	M36	G181	M41	G166	M40	G181	M52	G130
Y53	B92	Y31	B166	Y61	B107	Y8	B201	Y5	B189
K0		K0		K0		K0		K0	

C18	R219	C38	R181	C7	R245	C4	R245	C15	R224
M46	G156	M22	G186	M10	G232	M46	G166	M56	G140
Y75	B74	Y70	B99	Y30	B191	Y47	B130	Y33	B145
K0		K0		K0		K0		K0	

C76	R38	C77	R92	C62	R115	C61	R102	C62	R107
M31	G150	M87	G59	M47	G133	M6	G191	M5	G189
Y18	B194	Y8	B148	Y5	B194	Y47	B161	Y76	B99
K0		K0		K0		K0		K0	

C68	R115	C72	R99	C67	R97	C47	R153	C24	R207
M86	G61	M72	G87	M43	G138	M81	G74	M51	G148
Y8	B148	Y16	B153	Y6	B199	Y70	B71	Y5	B191
K0		K0		K0		K8		K0	

以邻近色为基调设计的海报

设计：WASHIO TOMOYUKI

以黄、绿、蓝之间的邻近色彩搭配与色彩丰富的夏季契合，给人以清爽愉快的感觉。

C15 M25 Y75 K0　C30 M0 Y100 K0　C45 M0 Y70 K0　C75 M0 Y80 K0　C15 M0 Y0 K0　C60 M30 Y0 K0　C100 M100 Y30 K30

AIMING HIGH HAKUBA 艺术音乐文化节

日本白马村举办的夏季艺术音乐文化节，其间人们可以尽情玩耍，参与热气球、滑翔伞、蹦床、游湖、爬树、森林探险等活动。设计师利用夏日色彩的邻近色系来进行设计搭配。

设计：渡边明日香 , Pauline Guerini

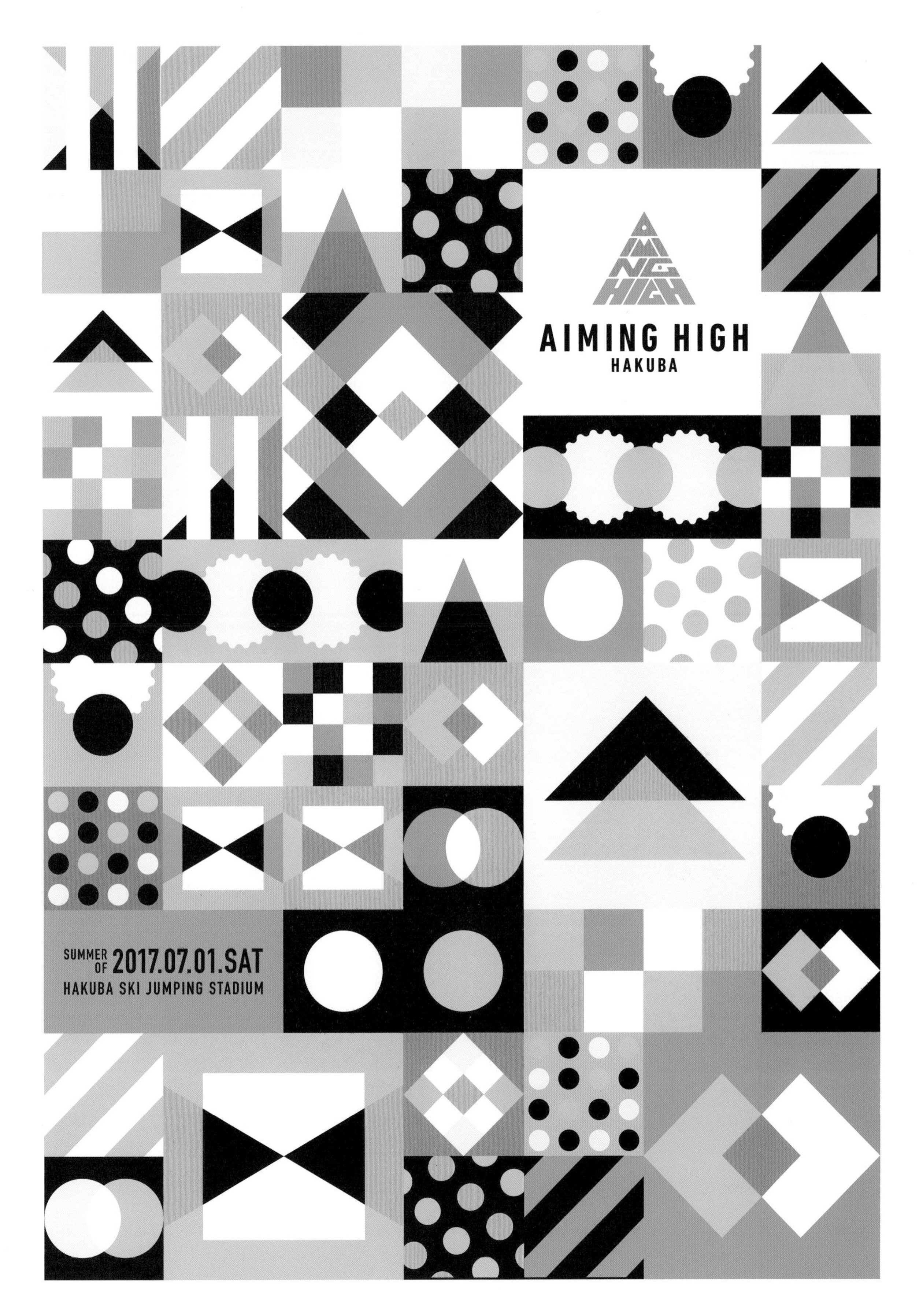
AIMING HIGH
AIMING HIGH
HAKUBA
SUMMER OF 2017.07.01.SAT
HAKUBA SKI JUMPING STADIUM

互补色

当两个颜色在色相环上位置相对，呈 180°时，两者便为互补色。互补色是色环中视觉冲击力最强的色彩，有着非常高的对比度，用于突出某一元素时会非常有效。

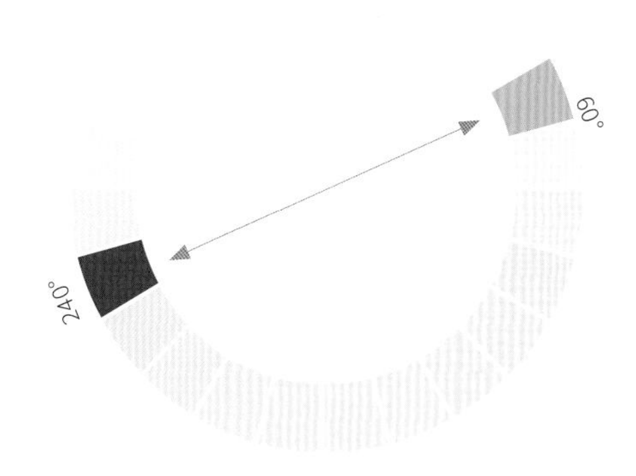

互补色

C1 M16 Y15 K0 R252 G227 B214 ｜ C31 M3 Y16 K0 R189 G224 B222

C36 M32 Y49 K0 R181 G171 B135 ｜ C37 M31 Y4 K0 R176 G176 B214

C23 M2 Y46 K0 R214 G232 B163 ｜ C29 M52 Y4 K0 R196 G143 B191

C13 M31 Y48 K0 R225 G185 B137 ｜ C61 M71 Y21 K0 R122 G89 B141

C73 M63 Y7 K0 R94 G102 B173 ｜ C8 M3 Y59 K0 R250 G242 B128

C100 M87 Y14 K0 R0 G56 B148 ｜ C2 M54 Y93 K0 R250 G148 B0

C6 M96 Y98 K0 R237 G23 B18 ｜ C82 M24 Y98 K0 R0 G148 B64

C8 M80 Y72 K0 R235 G84 B64 ｜ C75 M0 Y70 K0 R13 G174 B113

C86 M53 Y3 K0 R0 G112 B191 ｜ C0 M79 Y93 K0 R247 G89 B18

C45 M4 Y90 K0 R157 G197 B58 ｜ C54 M76 Y7 K0 R145 G84 B158

C8 M36 Y69 K0 R242 G182 B88 ｜ C62 M7 Y18 K0 R92 G194 B217

C23 M98 Y25 K0 R209 G0 B117 ｜ C53 M0 Y92 K0 R138 G204 B51

C56 M100 Y11 K0 R145 G0 B133 ｜ C8 M2 Y86 K0 R255 G242 B0

C1 M39 Y84 K0 R255 G178 B41 ｜ C81 M100 Y12 K0 R92 G0 B143

C60 M10 Y87 K0 R113 G176 B73 ｜ C41 M99 Y97 K7 R166 G33 B38

C37 M55 Y42 K0 R178 G130 B130 ｜ C7 M67 Y38 K0 R237 G120 B128 ｜ C3 M31 Y11 K0 R247 G199 B207 ｜ C76 M12 Y96 K0 R41 G168 B64 ｜ C42 M4 Y45 K0 R166 G212 B163

C97 M92 Y11 K0 R36 G48 B143 ｜ C53 M52 Y5 K0 R143 G130 B189 ｜ C42 M32 Y61 K0 R168 G166 B115 ｜ C13 M13 Y55 K0 R237 G222 B135 ｜ C8 M8 Y55 K0 R247 G235 B138

C42 M36 Y99 K0 R171 G158 B28 ｜ C18 M16 Y51 K0 R224 G212 B143 ｜ C7 M3 Y36 K0 R247 G245 B186 ｜ C58 M62 Y6 K0 R133 G110 B176 ｜ C42 M46 Y4 K0 R166 G145 B196

C42 M55 Y91 K1 R171 G125 B51 ｜ C22 M37 Y60 K0 R212 G125 B51 ｜ C4 M26 Y50 K0 R250 G204 B138 ｜ C72 M40 Y6 K0 R77 G140 B204 ｜ C37 M11 Y4 K0 R173 G209 B237

以互补色为基调的封面设计

设计：高田唯

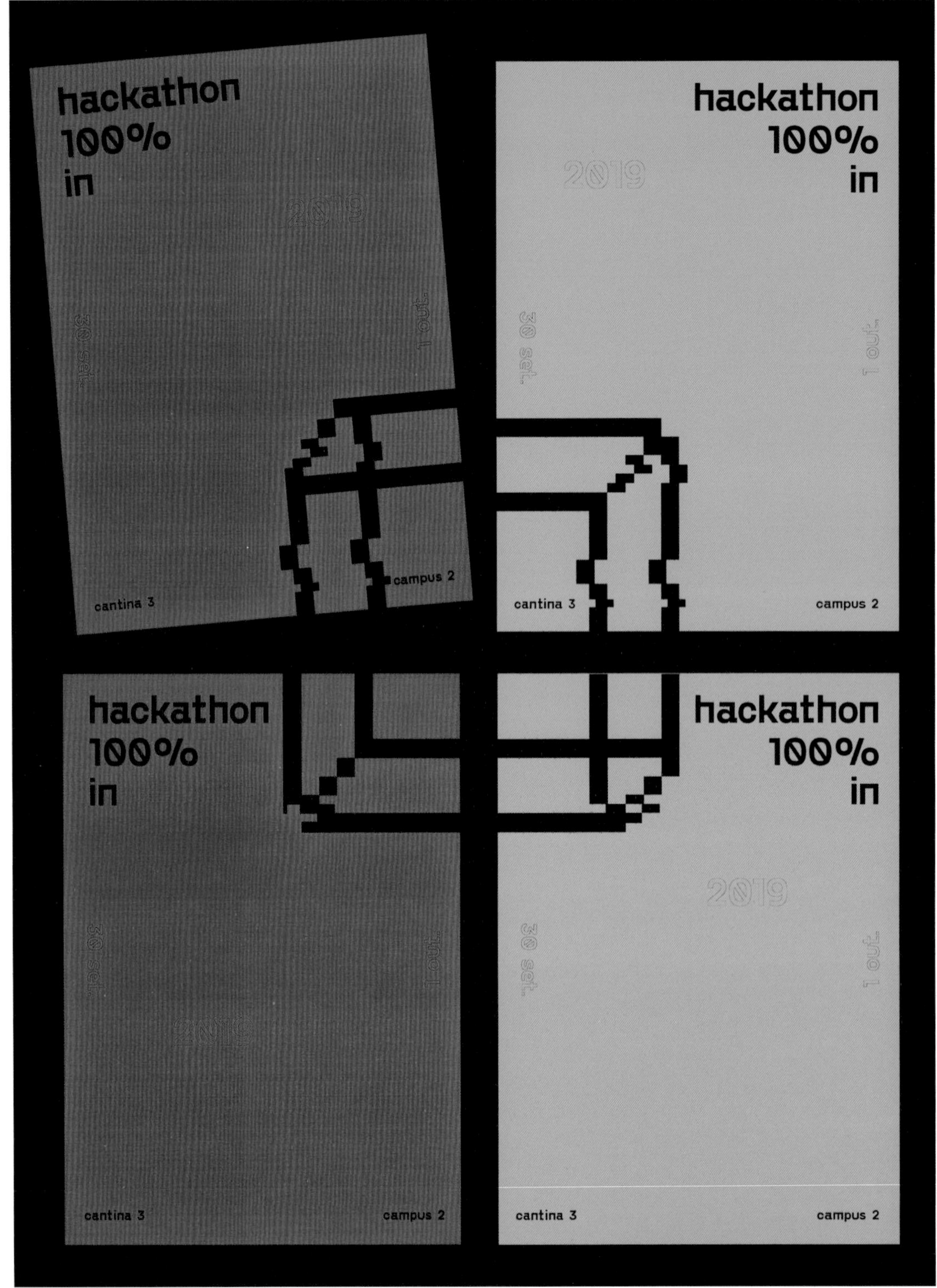

hackathon 100% in 技术竞赛

hackathon 100% in 是高校举办的一场大学 24 小时耐力竞赛。为了推广并吸引学生的关注，设计师采用互补色荧光绿和荧光红的配色方案，强烈的视觉对比让这个项目额外吸眼。

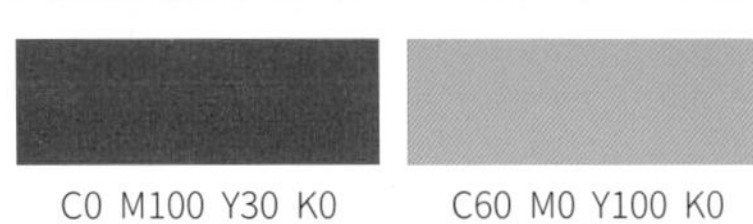

C0 M100 Y30 K0　　C60 M0 Y100 K0

设计：Afonso Lourenço, Bruno Boiça, Filipa Combo, Luis Lopes

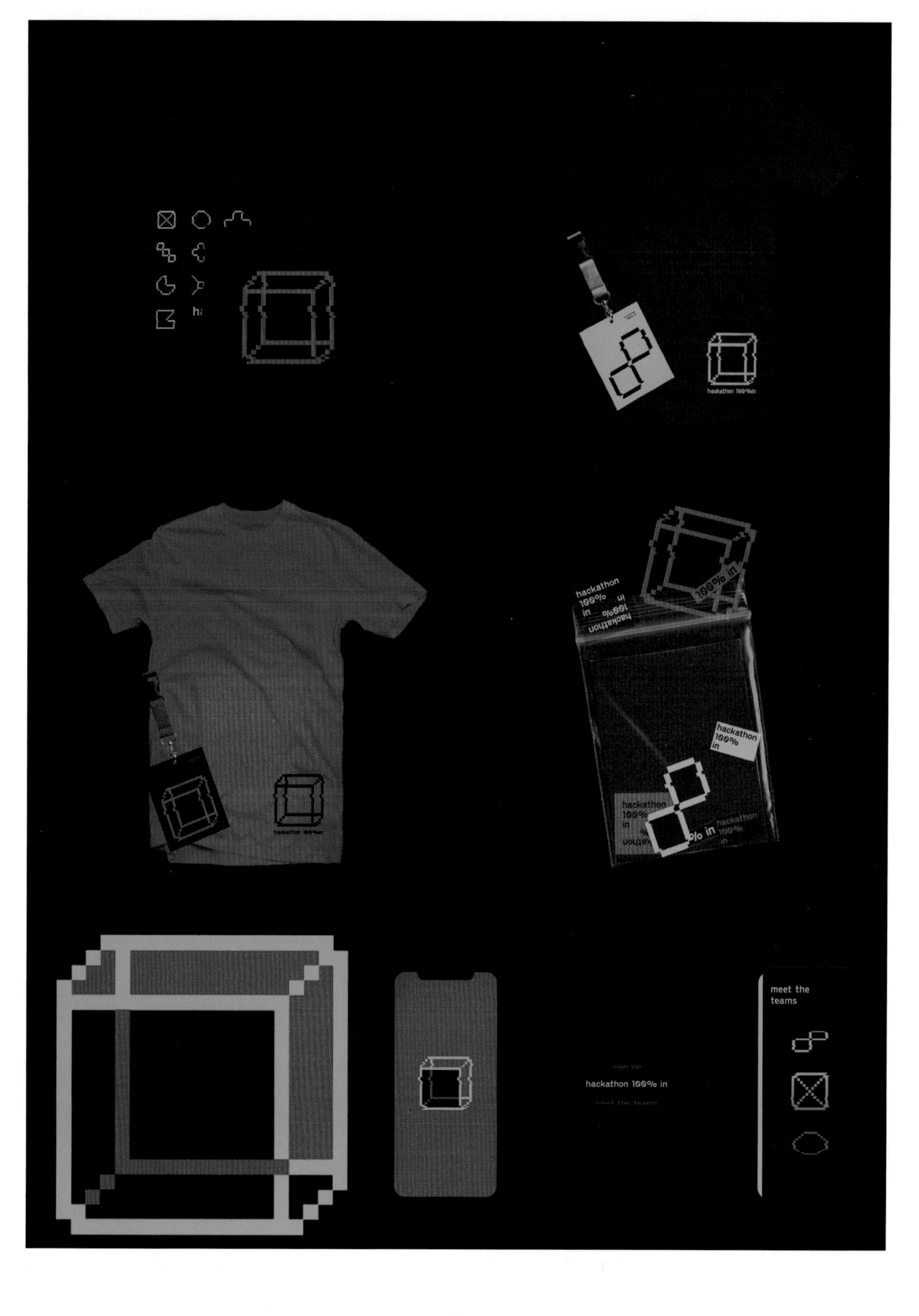
hackathon 100%in
hackathon
100%
in
100% in
hackathon
100%
in
hackathon
100%
in
hackathon 100%in
hackathon 100% in
meet the
teams

对比色

在色相上呈 120°~180 ° 夹角的两种颜色称为对比色。对比色的色彩表现力没有互补色的强烈，但其饱满鲜明的色彩效果能在视觉上让人感到兴奋、活跃。

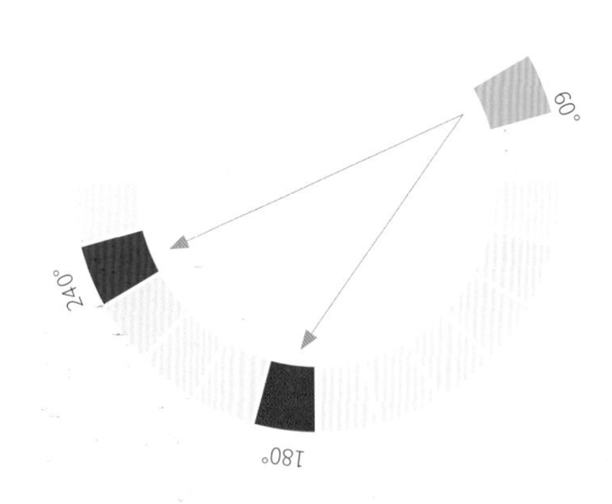

对比色

C2	R250	C55	R128	C65	R98
M15	G223	M41	G142	M51	G119
Y42	B161	Y3	B195	Y23	B157
K0		K0		K0	

C10	R247	C10	R232	C76	R28
M8	G232	M85	G69	M25	G158
Y69	B97	Y35	B115	Y25	B189
K0		K0		K0	

C7	R224	C43	R162	C23	R211
M78	G88	M13	G189	M0	G223
Y42	B106	Y68	B107	Y80	B75
K0		K0		K0	

C10	R239	C17	R208	C40	R166
M4	G231	M70	G105	M85	G64
Y70	B99	Y17	B146	Y10	B137
K0		K0		K0	

C3	R247	C36	R176	C45	R153
M29	G201	M18	G199	M12	G191
Y18	B196	Y2	B232	Y40	B164
K0		K0		K0	

C25	R204	C71	R74	C55	R132
M70	G105	M34	G148	M29	G157
Y53	B102	Y19	B189	Y69	B101
K0		K0		K0	

C46	R145	C6	R255	C13	R222
M10	G204	M2	G245	M48	G152
Y2	B242	Y64	B112	Y67	B89
K0		K0		K0	

C57	R115	C10	R223	C45	R156
M5	G199	M61	G126	M78	G81
Y32	B191	Y59	B95	Y41	B110
K0		K0		K0	

C78	R89	C13	R226	C6	R242
M83	G66	M34	G176	M55	G143
Y7	B153	Y91	B31	Y89	B28
K0		K0		K0	

C87	R54	C0	R252	C38	R176
M73	G82	M25	G200	M16	G187
Y7	B163	Y100	B0	Y90	B53
K0		K0		K0	

C37	R176	C67	R81	C28	R200
M94	G46	M2	G179	M1	G216
Y100	B36	Y81	B90	Y94	B20
K0		K0		K0	

C71	R64	C8	R222	C9	R228
M19	G166	M70	G107	M53	G143
Y38	B168	Y2	B163	Y83	B53
K0		K0		K0	

C27	R201	C12	R229	C76	R69	C69	R86	C58	R122
M86	G69	M36	G181	M41	G126	M40	G135	M23	G162
Y53	B92	Y31	B166	Y61	B111	Y8	B188	Y74	B94
K0		K0		K0		K0		K0	

C18	R219	C38	R181	C80	R0	C83	R56	C33	R180
M46	G156	M22	G186	M14	G158	M65	G91	M77	G85
Y75	B74	Y70	B99	Y37	B166	Y17	B150	Y33	B121
K0		K0		K0		K0		K0	

C10	R217	C9	R219	C62	R115	C61	R102	C62	R107
M85	G67	M81	G78	M47	G133	M6	G191	M5	G189
Y18	B128	Y8	B143	Y5	B194	Y47	B161	Y76	B99
K0		K0		K0		K0		K0	

C68	R115	C72	R99	C67	R97	C31	R181	C24	R196
M86	G61	M72	G87	M43	G138	M30	G164	M74	G92
Y8	B148	Y16	B153	Y6	B199	Y83	B63	Y5	B154
K0		K0		K0		K8		K0	

以对比色为基调的封面设计

设计：Akiko Numoto

C5 M3 Y85 K0

C65 M90 Y8 K0

C85 M55 Y5 K0

HfG. Jetzt ! 活动海报

针对即将毕业并考虑选择哪个大学专业的学生，设计师选用强烈的对比色色彩搭配，为艺术大学的宣传制作了海报。

设计：Jan Münz, Jan Buchczik

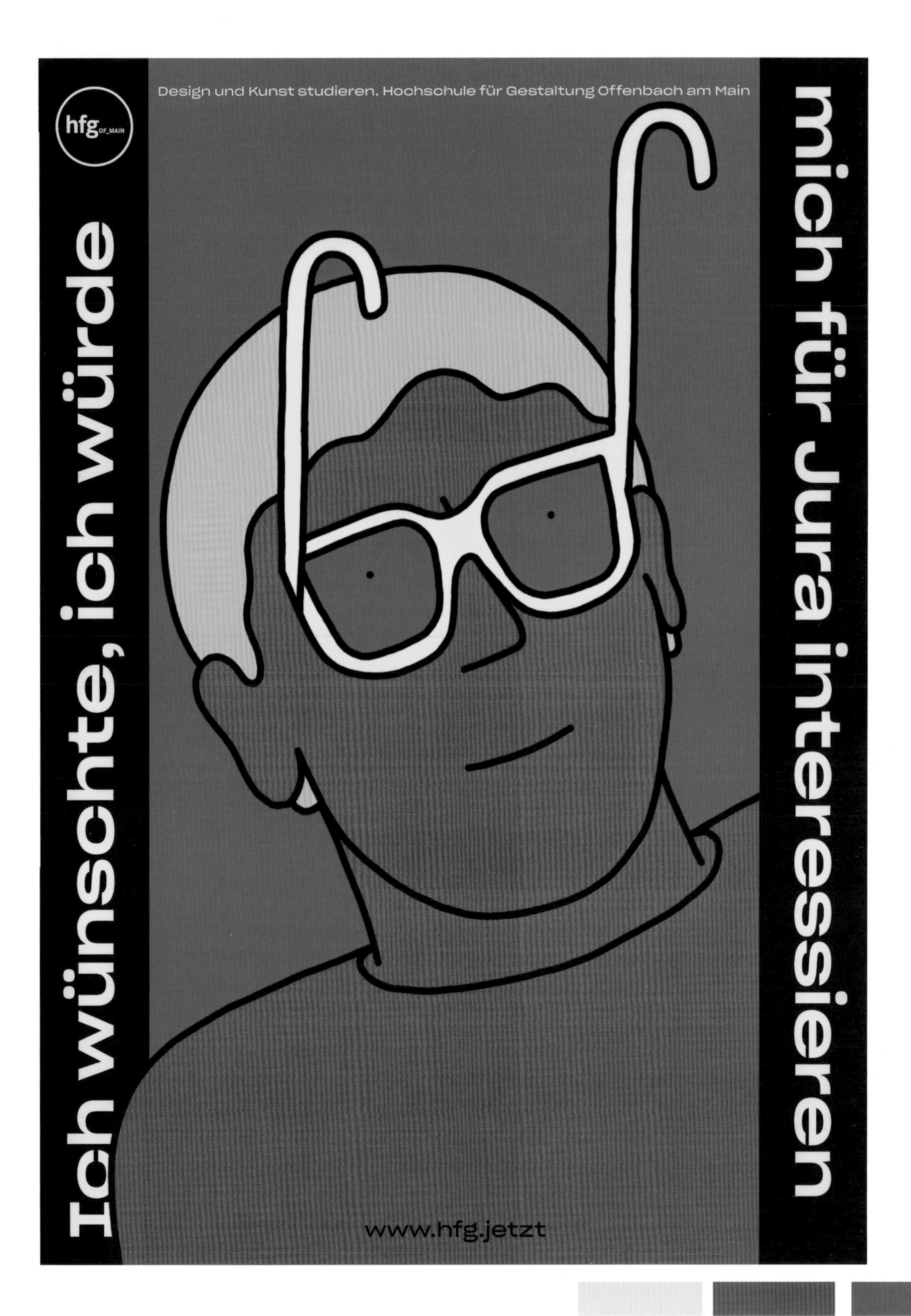

C5 M3 Y85 K0 C10 M85 Y80 K0 C85 M55 Y5 K0

冷暖色

在色彩心理上，红、橙、黄、棕等色往往给人热烈、兴奋、热情、温和的感觉，所以将其称为暖色。而绿、蓝、紫等色往往给人镇静、凉爽、开阔、通透的感觉，所以将其称为冷色。色彩的冷暖感觉是相对的，除橙色与蓝色是色彩冷暖的两个极端外，其他许多色彩的冷暖感觉都是相对存在的，比如说紫色和黄色，紫色中的红紫色较暖，而蓝紫色则较冷。

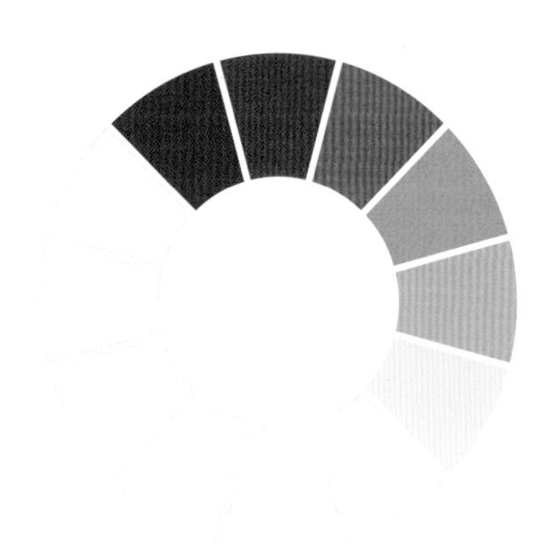

暖色

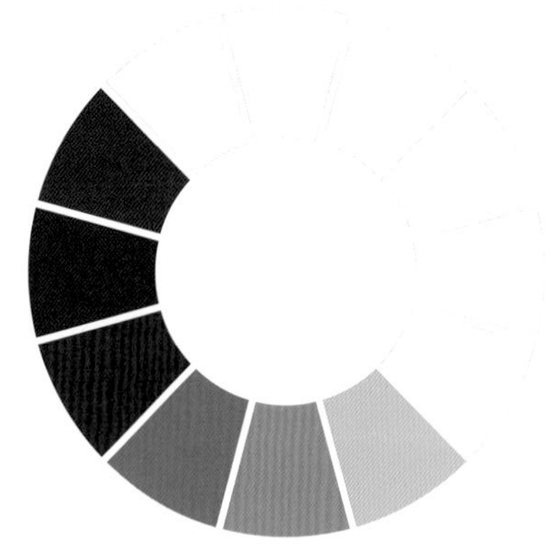

冷色

C6 R238	C6 R240	C9 R232
M37 G176	M60 G133	M90 G56
Y84 B152	Y71 B74	Y72 B61
K0	K0	K0

C12 R237	C18 R222	C38 R176
M2 G242	M42 G163	M80 G79
Y36 B186	Y89 B38	Y95 B41
K0	K0	K3

C56 R115	C89 R0	C27 R199
M14 G189	M59 G102	M2 G232
Y8 B227	Y19 B163	Y7 B242
K0	K0	K0

C61 R102	C31 R189	C51 R133
M24 G171	M2 G227	M5 G204
Y6 B222	Y12 B232	Y27 B201
K0	K0	K0

C25 R204	C6 R242	C12 R229
M84 G71	M55 G143	M66 G120
Y100 B26	Y93 B3	Y38 B128
K0	K0	K0

C23 R209	C34 R186	C46 R153
M46 G153	M70 G102	M75 G84
Y70 B87	Y86 B54	Y76 B66
K0	K0	K8

C41 R166	C61 R117	C80 R66
M27 G176	M40 G140	M58 G105
Y25 B181	Y41 B143	Y45 B125
K0	K0	K2

C93 R59	C68 R112	C51 R140
M100 G31	M72 G87	M37 G156
Y14 B135	Y7 B163	Y5 B207
K0	K0	K0

C9 R232	C8 R237	C1 R255
M94 G33	M66 G120	M12 G235
Y59 B77	Y80 B54	Y26 B199
K0	K0	K0

C7 R242	C7 R237	C18 R219
M26 G204	M67 G120	M80 G82
Y36 B166	Y38 B128	Y38 B115
K0	K0	K0

C11 R237	C26 R201	C46 R150
M2 G242	M2 G229	M3 G209
Y31 B196	Y26 B204	Y37 B181
K0	K0	K0

C27 R199	C51 R133	C52 R140
M2 G232	M5 G204	M7 G196
Y7 B242	Y27 B201	Y80 B87
K0	K0	K0

C3 R255	C6 R255	C3 R250	C10 R237	C8 R235
M0 G252	M1 G247	M20 G217	M41 G171	M80 G84
Y25 B209	Y54 B140	Y31 B181	Y65 B97	Y57 B87
K0	K0	K0	K0	K0

C87 R71	C63 R120	C86 R56	C61 R102	C47 R156
M98 G41	M62 G107	M71 G84	M6 G191	M6 G201
Y18 B130	Y6 B176	Y34 B130	Y47 B161	Y79 B84
K0	K0	K0	K0	K0

C12 R227	C32 R191	C11 R232	C23 R209	C14 R232
M80 G84	M100 G13	M60 G130	M90 G54	M36 G176
Y91 B33	Y53 B84	Y89 B33	Y44 B99	Y89 B33
K0	K0	K0	K0	K0

C37 R176	C96 R5	C43 R171	C27 R204	C76 R74
M3 G219	M76 G54	M5 G207	M4 G224	M52 G107
Y26 B204	Y64 B66	Y93 B36	Y50 B153	Y67 B92
K0	K37	K0	K8	K9

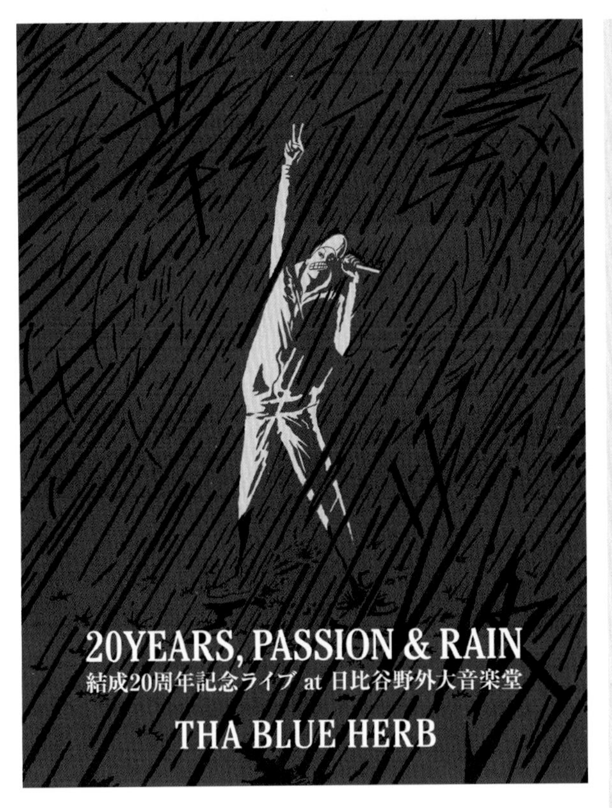

THA BLUE HERB
LIVE DVD at 日比谷野外大音楽堂 2018.4.11 OUT

冷、暖色调的设计

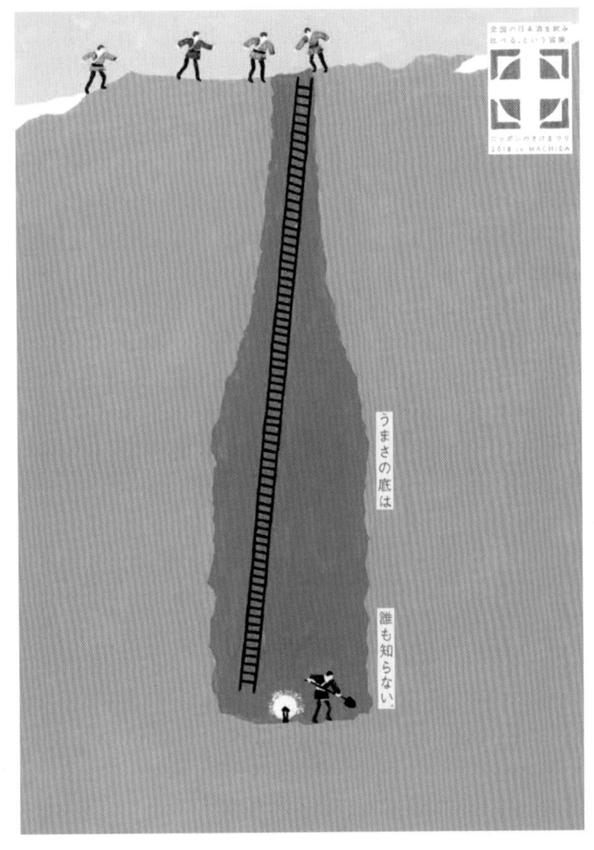

伊顿的七种色彩对比

约翰·伊顿（Johannes Itten）是瑞士的色彩理论家、艺术家、设计师，并曾在包豪斯学院任教，负责色彩学等基础课程。伊顿率先提出色彩搭配的理论，帮助人们加深了对色彩的理解和在设计中的运用。他提出的色彩对比理论在当下仍然具有实际意义。在两种对比的效果之间有明显的不同，我们称之为对比。两个以上的色彩，在空间或时间关系上存在比较差别，称为色彩对比。

伊顿色彩的七种对比包括色相对比、明度对比、冷暖对比、补色对比、同时对比、饱和度对比和面积对比。

了解更多的色彩对比，有助于设计师更加准确地预测色彩搭配的效果，从而取得预期的设计效果。以上几种对比方式也可以直接用于色彩搭配中。

色相对比

色相对比指的是色相之间的差别形成的对比。各色相由于在色相环上的距离远近不同，形成不同的色相对比。红、黄、蓝三原色是最强烈的色相对比，二次色橙、绿、紫的对比效果较弱。

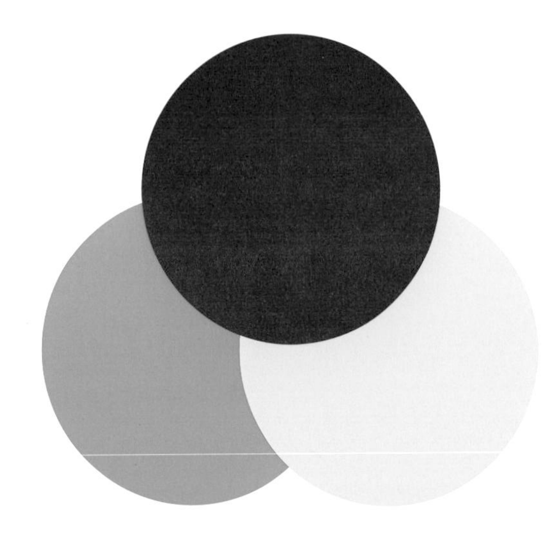

红、黄、蓝三原色对比

橙、绿、紫二次色对比

这张海报的色彩搭配由光的三原色红色、绿色、蓝色及其相交产生的颜色组成。

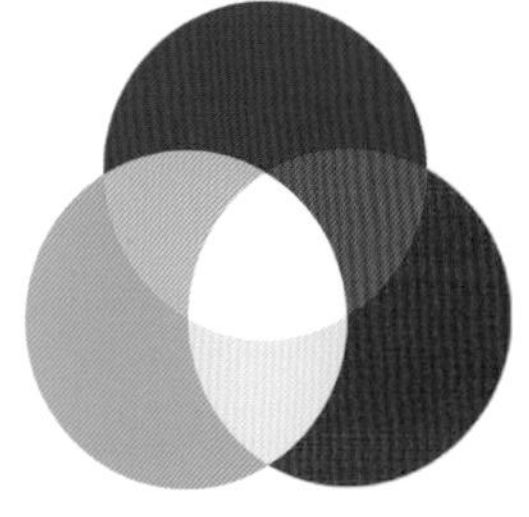

光的三原色（RGB）

设计：Go Uchida

明度对比

明度对比是色彩明暗程度的对比，黑白代表明暗对比的两个极端。色彩的明暗色调具有很强的造型力量，可以表现色彩的层次与空间关系。

黑白对比

同色相不同明度对比

黑、白、灰色对比的字体设计

设计：Dora Balla

同一色相，不同明度对比营造的空间感。

设计：田部井美奈

补色对比

补色对比指的是相互对立的色彩之间的对比，可以产生最强的对比效果，能够吸引人的注意力。另外，相互对立的色彩被安排在一起时两种颜色相互映衬，色彩则变得愈加鲜明。比如海上救生衣一般为橙色就是因为橙色和海洋的蓝色之间可以形成强烈对比。

互补色设计的宣传单

设计：Junichi Hayama

纯度对比

纯度对比指同一色相的不同纯度的色彩搭配产生的对比，或者是不同色相不同纯度的色彩搭配形成的对比。高饱和度的色彩与稀释暗淡的色彩并置时，高饱和度的色彩愈加鲜艳，低饱和度的色彩愈加暗淡。

同一色相，不同纯度对比

不同色相，不同纯度对比

多种色相，不同纯度色彩搭配设计的海报

设计：精木宽和

面积对比

面积对比指色块面积大小、多与少形成的对比。固定的色彩搭配，通过大小、多少的对比也会形成完全不同的视觉感受。创作中通过色彩大小的比较来突出特定的内容也是常见的配色方法。

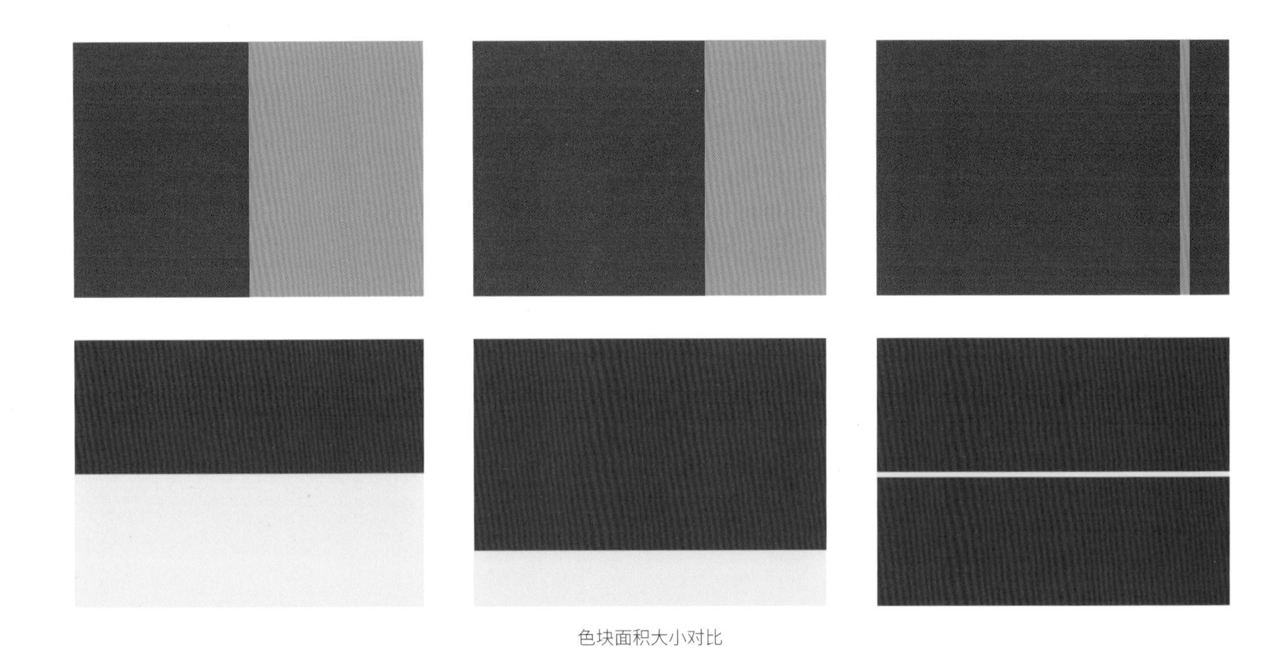

色块面积大小对比

色块面积多与少对比

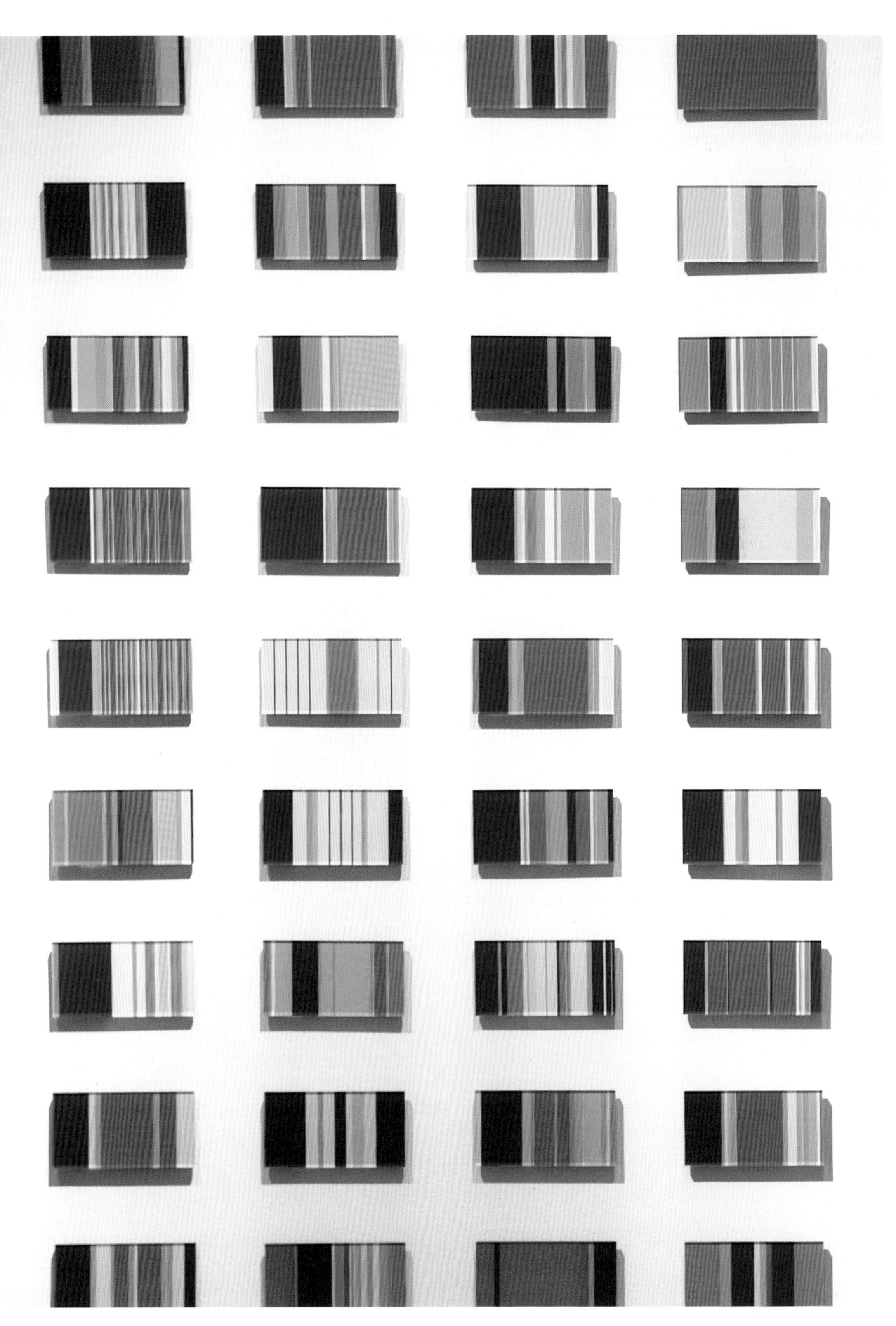

由 Spread 团队创作的色彩艺术作品《生命色带》　　设计：山田春奈，小林弘和

同时对比

同时对比指发生在同一时间、同一视域之内的色彩对比，在这种情况下，色彩的比较、衬托、排斥与影响作用是相互依存的。

这种对比方式产生于人眼在看到某一特定的颜色时总会同时要求看到它的补色，如果这种补色还没有出现，眼睛就会自动将它产生出来。比如在几个不同颜色的色块中放置灰色的色块，仔细观察，会发现每个灰色色块都带有背景色的补色。

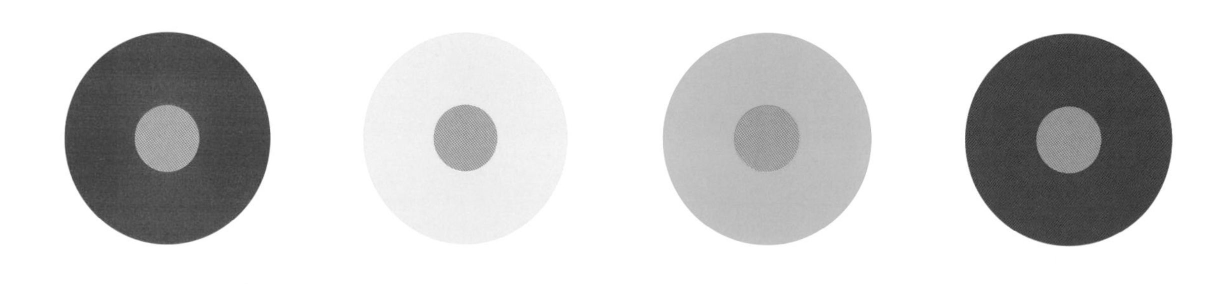

冷暖对比

冷色与暖色的对比。通常色彩的冷暖是相对的，主要取决于和它们比较的色彩冷暖感觉。色彩的冷暖除了给人温度上的不同感觉之外，还会给人带来距离感等。冷色和暖色可以用来产生远近亲疏的空间效果。

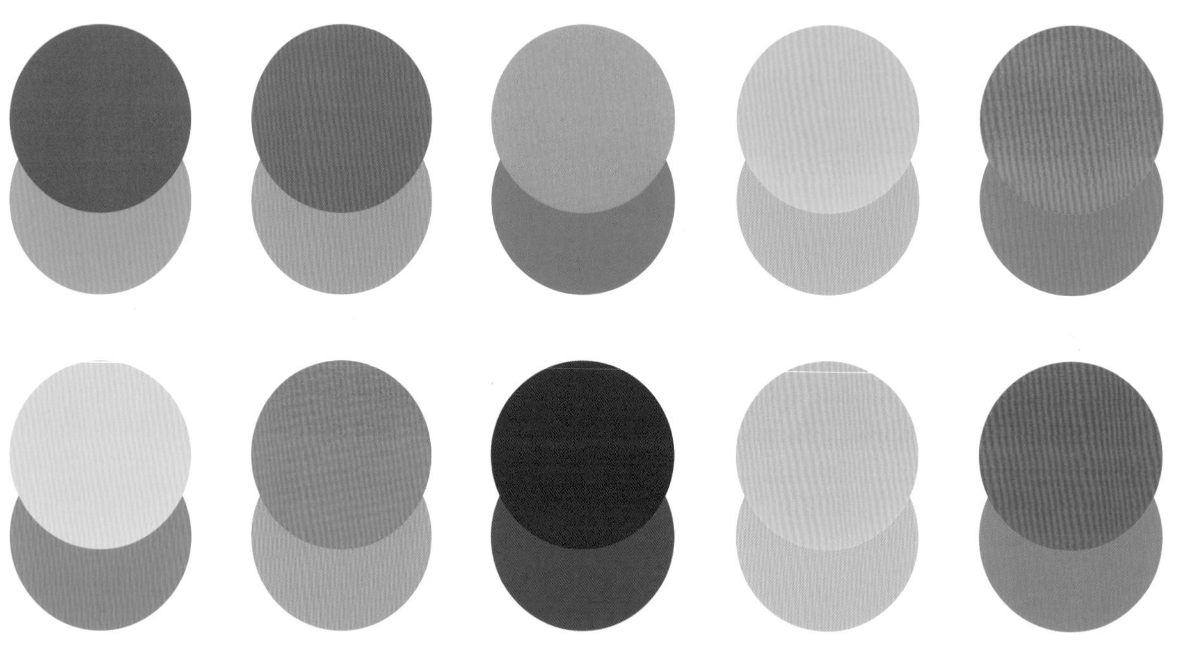

冷暖色对比

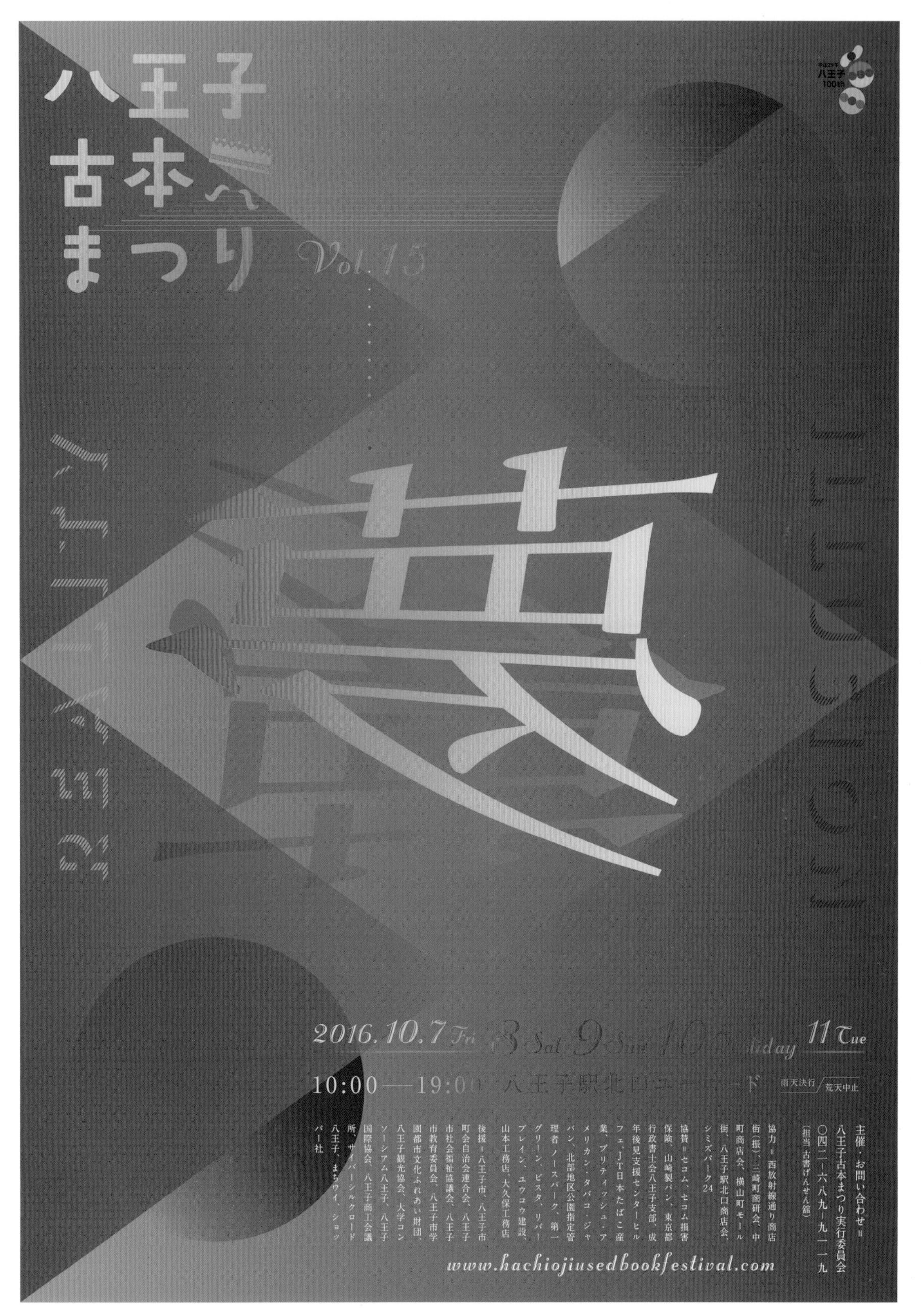

冷暖色对比的设计

设计：Go Uchida

第三章

色彩心理与印象

色彩心理学作为一个专门的学科，有着非常庞大复杂的知识体系。而在商业设计中对色彩的应用往往也要遵循着色彩心理学的基本规律，才能更好地引导和吸引消费者，以达到设计目的。

色彩作为视觉元素能快速吸引人们的关注，并产生连带的印象反应。不同的色彩对人的心理有不同的影响，会有信任、清新、寂静、神秘、热烈、冰凉、诱惑、烦躁等的心理感觉。日常生活中不同的行业都会给人不同的色彩印象，比如医美行业通常是纯洁的、素雅的，以冷色系为主；餐饮美食则会以热烈、欢快的暖色系为主。因此，学习了解色彩心理学，将帮助我们更加有效地运用色彩。

色彩视觉感受

不同的色彩通过组合搭配，在观看时除了心理的情感感受之外，还会呈现出以下四种不同的物理感受：

冷暖 · 重量 · 远近 · 大小

冷暖

色调有冷暖之分：红、橙、黄色调属于暖色调，能带给人热情、兴奋、温暖的感觉；绿、蓝、紫色调则属于冷色调，能带给人冷静、平和、清凉的感觉。但是，色彩的冷暖感知并不是绝对的，例如偏绿的黄色比偏红的黄色更显“冷”，偏红的紫色比偏蓝的紫色更显“暖”。

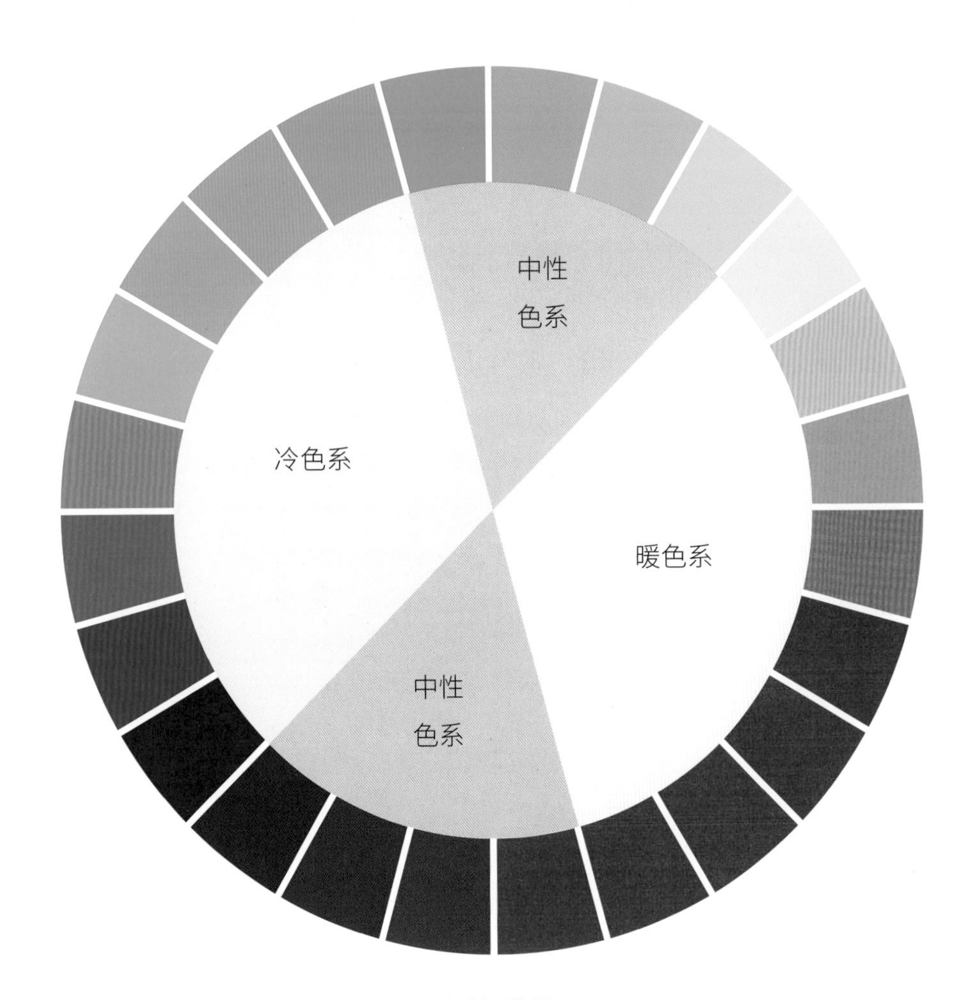

冷暖色系划分

重量

色彩在视觉上能彰显轻重之感。明度和纯度越高，颜色看起来越轻；明度和纯度越低，颜色看起来则越重。

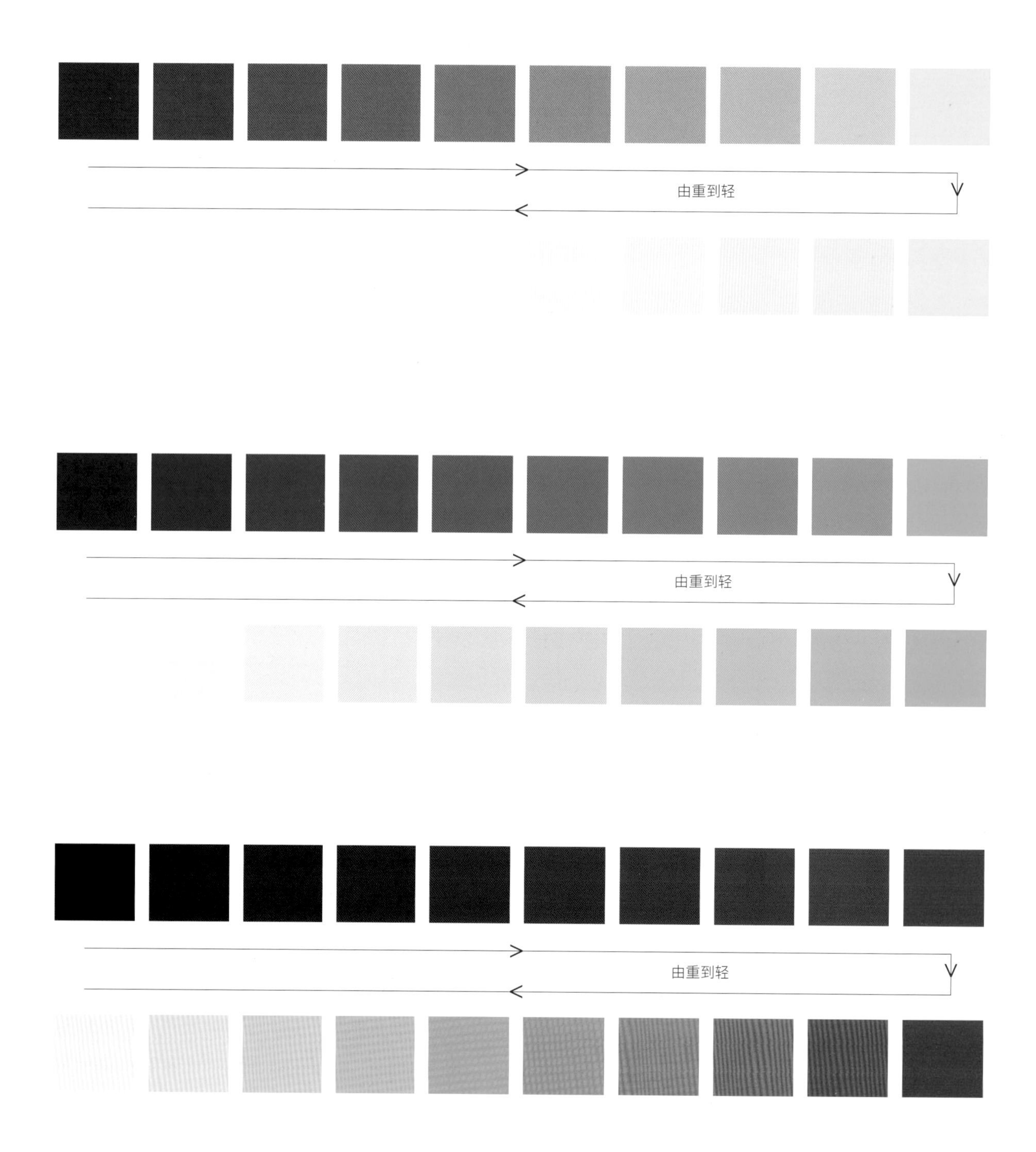

远近

色彩还能分为“前进色”和“后退色”。前进色会令物体看起来向前突出，让人感觉距离较近，如纯度较高的颜色和红、橙等暖色系的颜色。后退色则会令物体看起来向后退，让人感觉距离较远，如纯度较低的颜色和蓝、绿等冷色系的颜色。

黄色显得活泼亲近

蓝色显得静谧深邃

冷暖对比中红色视觉上更靠前

冷暖对比中蓝色视觉上更靠后

同色系深色比浅色显得远

大小

色彩还具有“收缩”和“膨胀”的作用。在等大的物体上，暖色和明度高的颜色有膨胀作用，在视觉上会让人感觉物体变大了，而冷色和明度低的颜色有收缩作用，在视觉上则会让人感觉物体变小了。

明度高的白色呈现膨胀感

明度低的黑色呈现收缩感

同等大小和造型的物体，暖色比冷色显得更大

同等大小和造型的物体，明度越高显得更大

“色彩改变环境，开拓感官世界”展览

设计：山田春奈，小林弘和

色彩印象

大自然中四季的变更、昼夜的更替、天气的变幻等，都会令自然万物的色彩也随之变化。因此色彩会给人们带来一些普遍性的印象认知，了解色彩的普遍性印象，学会充分利用色彩会对设计起到事半功倍的效果。

红色

关键词

积极、活力、进取、大胆、热烈、生命、强烈、成熟、危险、攻击、紧张

红色是波长最长的颜色，是最能吸引人们的视觉注意的色彩。因此红色常被运用于警示标志和交通信号。红色具有很强的存在感，并能快速吸引注意力，但用色一定要有所节制，必须根据设计目的进行使用，大片的红色会有紧张感，而小面积的点缀能特别突出。

红色能带给人一些积极的印象：精力旺盛、进取、跃动、热烈、蓬勃、温暖、友善。与此同时，红色也能让人联想到血腥、暴力、愤怒等。除此之外，红色也是爱情、幸福和给予等相关主题中常见的颜色。

行业印象

餐饮

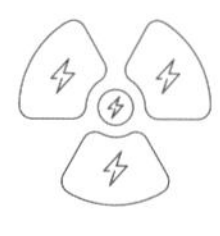

能源

运动

旅行

交通

住房

活动

C36 R175 M90 G58 Y81 B56 K0	C40 R171 M93 G50 Y76 B61 K4	C37 R171 M100 G29 Y73 B61 K1	C26 R202 M83 G76 Y68 B73 K0	C26 R202 M90 G58 Y78 B58 K0	C22 R209 M90 G57 Y80 B54 K0	C28 R187 M90 G57 Y72 B64 K0	C23 R196 M90 G56 Y60 B77 K0
C30 R195 M92 G52 Y64 B75 K0	C25 R193 M95 G41 Y65 B69 K0	C22 R198 M89 G60 Y70 B65 K0	C34 R178 M90 G57 Y65 B73 K0	C35 R176 M85 G69 Y60 B82 K0	C27 R186 M95 G41 Y70 B63 K3	C40 R149 M94 G41 Y79 B50 K17	C46 R153 M83 G71 Y79 B61 K4
C32 R173 M92 G49 Y74 B58 K8	C34 R176 M88 G61 Y67 B71 K2	C46 R150 M99 G34 Y74 B60 K6	C36 R170 M87 G63 Y77 B59 K5	C25 R180 M100 G17 Y70 B57 K10	C45 R142 M96 G38 Y96 B37 K16	C37 R172 M85 G69 Y84 B53 K2	C34 R178 M96 G43 Y100 B35 K0
C30 R185 M92 G53 Y93 B41 K0	C16 R209 M84 G73 Y89 B41 K0	C22 R198 M88 G62 Y72 B64 K0	C16 R208 M88 G63 Y87 B43 K0	C13 R212 M93 G48 Y88 B40 K0	C10 R219 M82 G78 Y67 B70 K0	C14 R211 M89 G58 Y51 B87 K0	C28 R188 M94 G44 Y55 B81 K0
C21 R201 M79 G83 Y43 B105 K0	C21 R200 M87 G65 Y77 B57 K0	C26 R192 M87 G65 Y67 B71 K0	C17 R206 M94 G43 Y64 B69 K0	C19 R205 M76 G91 Y54 B93 K0	C12 R218 M66 G115 Y40 B120 K0	C7 R226 M66 G117 Y45 B112 K0	C10 R228 M40 G172 Y30 B161 K0
C45 R136 M97 G33 Y88 B41 K21	C27 R190 M89 G60 Y88 B45 K1	C17 R206 M93 G49 Y91 B38 K0	C10 R217 M91 G54 Y89 B38 K0	C2 R231 M81 G82 Y55 B86 K0	C6 R223 M95 G38 Y89 B36 K0	C10 R221 M68 G111 Y51 B102 K0	C8 R229 M49 G154 Y33 B147 K0
C42 R139 M90 G47 Y91 B37 K23	C33 R172 M92 G50 Y98 B34 K8	C30 R185 M90 G58 Y95 B38 K0	C15 R209 M95 G40 Y80 B50 K0	C11 R216 M92 G51 Y81 B49 K0	C10 R218 M86 G68 Y62 B75 K0	C9 R222 M69 G109 Y31 B129 K0	C7 R226 M67 G115 Y25 B139 K0
C25 R140 M90 G41 Y70 B51 K30	C36 R163 M98 G32 Y79 B52 K10	C21 R194 M92 G50 Y79 B52 K5	C24 R194 M89 G60 Y80 B54 K1	C12 R215 M87 G66 Y85 B44 K0	C16 R208 M91 G53 Y68 B66 K0	C10 R219 M79 G85 Y50 B95 K0	C8 R227 M57 G137 Y29 B145 K0
C43 R126 M91 G39 Y82 B40 K32	C33 R173 M94 G45 Y86 B47 K6	C34 R175 M94 G47 Y87 B47 K3	C22 R198 M92 G52 Y79 B54 K0	C20 R201 M95 G42 Y93 B37 K0	C10 R218 M81 G80 Y41 B105 K0	C8 R225 M65 G119 Y36 B126 K0	C4 R234 M55 G143 Y27 B150 K0
C0 R230 M100 G0 Y100 B18 K0	C0 R232 M89 G60 Y90 B32 K0	C5 R225 M90 G57 Y85 B42 K0	C10 R217 M95 G39 Y80 B49 K0	C20 R200 M100 G17 Y70 B61 K0	C15 R209 M94 G44 Y78 B53 K0	C37 R172 M100 G30 Y80 B55 K0	C5 R226 M80 G84 Y50 B50 K0

巧克力七夕礼盒

C33 M99 Y77 K34

客户希望以简单明了的方式，传达抽象的恋人情感。设计师以传统水银式温度计的概念，采用大面积的玫瑰红色来传递爱情的甜蜜。

设计：郭芷伊

YU CHOCOLATIER
You melt my heart

C10 M100 Y85 K0

拉丁美洲设计节

拉丁美洲设计节是拉丁美洲最重要、最有影响力的设计活动，一系列的讲座、研讨会和拉丁美洲设计大奖颁奖典礼在节日中举行。举办方希望用简单的颜色去传递最强烈的视觉。红色也符合拉丁美洲人们热情、热烈的性格。

设计：Rommina Dolorier, Richars Meza

关键词

进取、灿烂、温暖、乐观、愉快、放松、活泼、豪华、富贵、幻想、陈旧

橙色介于红色和黄色之间，中和了红色的热烈和黄色的欢快，充满朝气和活力。橙色在水果中非常常见，能给人带来香甜、愉悦的印象，同时也给人以冒险、乐观、自信的感觉，在餐饮、食品行业还有娱乐业十分常见。此外，橙色也能塑造亲民的形象。然而，橙色运用不当就会表现出劣质感。

行业印象

餐饮

家居

运动

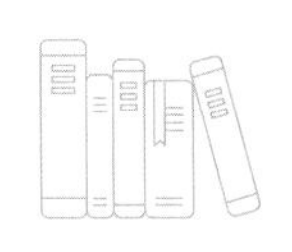

教育

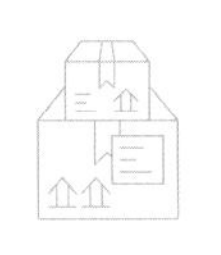

物流

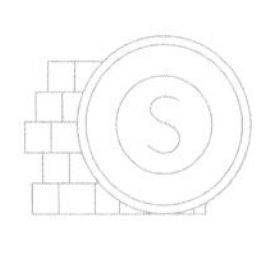

金融

活动

C0 R244 M48 G157 Y80 B58 K0	C5 R240 M34 G182 Y81 B60 K0	C12 R220 M64 G119 Y85 B48 K0	C15 R216 M60 G126 Y90 B39 K0	C21 R204 M65 G113 Y95 B31 K0	C42 R161 M73 G89 Y97 B39 K4	C0 R243 M50 G153 Y80 B58 K0	C2 R243 M41 G170 Y81 B57 K0
C0 R244 M48 G157 Y82 B53 K0	C0 R244 M46 G161 Y78 B63 K0	C4 R239 M44 G163 Y81 B57 K0	C5 R243 M26 G196 Y86 B43 K0	C4 R241 M38 G175 Y81 B60 K0	C6 R239 M32 G185 Y78 B69 K0	C2 R247 M28 G197 Y57 B120 K0	C3 R242 M38 G175 Y81 B58 K0
C4 R241 M36 G178 Y88 B36 K0	C8 R231 M48 G153 Y77 B67 K0	C6 R239 M28 G194 Y60 B113 K0	C8 R236 M28 G192 Y70 B91 K0	C10 R230 M39 G170 Y77 B71 K0	C10 R226 M52 G144 Y89 B39 K0	C23 R202 M60 G123 Y87 B49 K0	C38 R173 M58 G119 Y98 B35 K1
C6 R239 M29 G193 Y54 B125 K0	C7 R239 M23 G203 Y53 B132 K0	C8 R235 M32 G185 Y66 B98 K0	C11 R226 M46 G156 Y80 B62 K0	C30 R189 M57 G125 Y99 B27 K0	C45 R156 M60 G110 Y100 B36 K4	C12 R229 M27 G191 Y70 B92 K0	C12 R228 M33 G180 Y77 B73 K0
C15 R221 M38 G168 Y85 B53 K0	C23 R203 M50 G142 Y85 B55 K0	C30 R190 M55 G128 Y98 B28 K0	C38 R171 M60 G114 Y100 B32 K3	C5 R243 M20 G210 Y50 B140 K0	C5 R242 M24 G203 Y53 B131 K0	C8 R233 M38 G174 Y67 B93 K0	C13 R220 M58 G130 Y94 B26 K0
C24 R200 M61 G120 Y94 B35 K0	C40 R169 M61 G113 Y96 B41 K1	C5 R240 M34 G184 Y60 B110 K0	C6 R234 M48 G154 Y78 B65 K0	C13 R219 M60 G126 Y88 B43 K0	C16 R213 M64 G117 Y96 B24 K0	C12 R225 M43 G161 Y79 B66 K0	C10 R230 M39 G170 Y73 B80 K0
C8 R233 M40 G168 Y83 B55 K0	C18 R213 M48 G148 Y88 B46 K0	C7 R233 M45 G161 Y66 B91 K0	C11 R223 M58 G131 Y88 B42 K0	C22 R202 M64 G115 Y87 B48 K0	C9 R229 M47 G155 Y71 B80 K0	C12 R221 M60 G127 Y83 B53 K0	C10 R225 M57 G134 Y86 B46 K0
C5 R239 M37 G177 Y71 B84 K0	C13 R218 M63 G120 Y83 B52 K0	C8 R227 M60 G129 Y84 B49 K0	C6 R236 M39 G173 Y67 B92 K0	C16 R211 M65 G114 Y91 B37 K2	C11 R222 M62 G123 Y84 B50 K0	C9 R228 M51 G147 Y74 B73 K0	C15 R213 M71 G103 Y89 B41 K0
C8 R228 M58 G133 Y71 B75 K0	C8 R233 M37 G177 Y48 B132 K0	C9 R232 M38 G172 Y75 B75 K0	C10 R231 M36 G175 Y84 B53 K0	C12 R223 M51 G145 Y84 B52 K0	C20 R208 M56 G132 Y88 B46 K0	C7 R238 M28 G193 Y64 B104 K0	C6 R234 M36 G175 Y76 B72 K3
C9 R230 M44 G161 Y78 B67 K0	C8 R233 M40 G169 Y77 B70 K0	C14 R217 M63 G120 Y87 B45 K0	C18 R205 M65 G111 Y94 B31 K4	C13 R219 M61 G125 Y85 B49 K0	C29 R191 M57 G125 Y98 B28 K0	C7 R233 M44 G162 Y77 B68 K0	C34 R183 M50 G136 Y94 B41 K0

C20 M40 Y70 K0　C0 M80 Y80 K0

《鼠咬天开》 纪念票设计

为了庆祝中国鼠年的到来，客户方特意设计了《鼠咬天开》纪念票作为礼品送给客户。设计师选择了体现富贵、乐观、进取的橙色作为主色调进行设计。

设计：Yi Gu

YEAR OF THE RAT

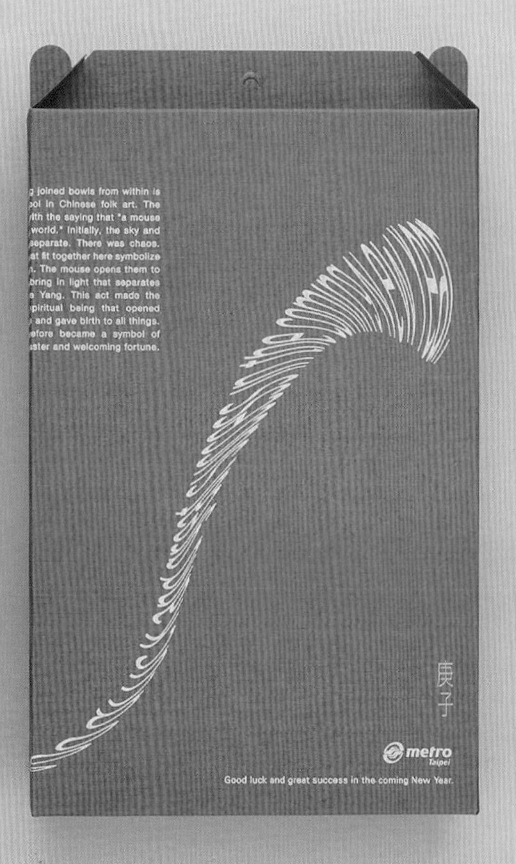
joined bowls from within is
in Chinese folk art. The
the saying that "a mouse
world." Initially, the sky and
separate. There was chaos.
at fit together here symbolize
The mouse opens them to
bring in light that separates
Yang. This act made the
piritual being that opened
and gave birth to all things.
efore became a symbol of
ster and welcoming fortune.
庚子
metro
Taipei
Good luck and great success in the coming New Year.

YEAR OF THE RAT

Squeeze & Fresh 果汁杯

这是一个强调互动感的果汁杯，包装表面采用橙子为创意点，
利用果汁的色彩搭配镂空的图案，给消费者构建参与感。

设计：Backbone Branding

Fish Club Wine 鱼尾瓶

设计师采用橙色金箔纸来包装这一款酒，色彩醒目趣味。

FISH
CLUB
Hans & Franz
RED DRY WINE
2016

黄色

关键词

热闹、欢笑、阳光、乐观、振奋、动感、活力、吵闹、天真、软弱、廉价

黄色和太阳密切联系，能带来开心、自信、愉悦、欢乐之感。黄色充满活力，可以用来营造乐观开朗、积极向上的氛围。此外，黄色的波长相对较长，耀眼而夺目，具有较强的刺激性。除了振奋精神，黄色还可以激发创意的想法或者刺激大脑活动与行动力。但若是过度使用，则会引起恐惧、紧张和焦虑之感。

行业印象

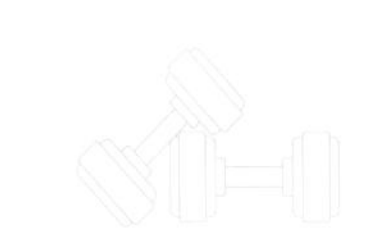

餐饮　家居　运动　旅行　娱乐　建筑　活动

C10 R238 M9 G222 Y75 B83 K0	C6 R246 M5 G233 Y64 B115 K0	C11 R237 M4 G229 Y78 B76 K0	C8 R242 M7 G226 Y84 B52 K0	C10 R237 M11 G219 Y74 B86 K0	C22 R211 M21 G192 Y90 B41 K0	C32 R189 M27 G175 Y92 B42 K0	C7 R244 M7 G228 Y74 B86 K0
C10 R238 M9 G221 Y83 B57 K0	C9 R240 M11 G218 Y93 B0 K0	C11 R235 M13 G214 Y85 B50 K0	C10 R236 M16 G211 Y75 B82 K0	C20 R214 M25 G187 Y91 B36 K0	C34 R183 M40 G153 Y92 B45 K0	C10 R237 M10 G221 Y73 B89 K0	C6 R246 M10 G222 Y86 B41 K0
C10 R237 M12 G217 Y76 B80 K0	C8 R239 M18 G208 Y85 B49 K0	C13 R227 M28 G186 Y96 B0 K0	C24 R205 M34 G169 Y94 B30 K0	C6 R247 M2 G237 Y74 B87 K0	C8 R243 M2 G235 Y73 B91 K0	C9 R240 M8 G224 Y78 B74 K0	C5 R245 M16 G214 Y79 B68 K0
C7 R245 M2 G236 Y74 B87 K0	C4 R252 M1 G240 Y72 B93 K0	C8 R242 M8 G225 Y78 B74 K0	C7 R243 M13 G217 Y79 B69 K0	C20 R214 M22 G193 Y81 B68 K0	C6 R247 M3 G235 Y77 B77 K0	C8 R240 M16 G212 Y76 B78 K0	C7 R244 M9 G223 Y86 B42 K0
C18 R220 M13 G209 Y78 B77 K0	C7 R242 M14 G216 Y74 B87 K0	C17 R221 M21 G196 Y89 B40 K0	C5 R247 M9 G227 Y70 B97 K0	C15 R225 M19 G201 Y83 B60 K0	C17 R221 M21 G197 Y80 B70 K0	C4 R249 M7 G233 Y55 B137 K0	C6 R245 M12 G219 Y89 B23 K0
C14 R227 M14 G213 Y56 B131 K0	C9 R239 M14 G214 Y86 B45 K0	C7 R244 M9 G223 Y93 B0 K0	C13 R230 M13 G214 Y67 B105 K0	C5 R249 M4 G235 Y68 B104 K0	C19 R218 M14 G206 Y80 B72 K0	C24 R207 M20 G193 Y82 B67 K0	C1 R255 M0 G251 Y22 B215 K0
C2 R253 M0 G249 Y30 B198 K0	C4 R250 M0 G246 Y38 B181 K0	C7 R245 M2 G238 Y59 B129 K0	C8 R243 M4 G232 Y76 B81 K0	C8 R243 M5 G229 Y82 B60 K0	C7 R243 M12 G219 Y83 B55 K0	C5 R248 M6 G231 Y74 B86 K0	C14 R229 M11 G215 Y76 B81 K0
C18 R219 M20 G197 Y83 B62 K0	C31 R191 M27 G176 Y88 B54 K0	C31 R192 M24 G180 Y99 B6 K0	C11 R235 M12 G216 Y79 B71 K0	C8 R242 M4 G233 Y63 B118 K0	C9 R241 M3 G233 Y69 B102 K0	C13 R231 M9 G220 Y73 B90 K0	C9 R238 M13 G218 Y65 B109 K0
C8 R243 M3 G234 Y70 B99 K0	C14 R229 M10 G217 Y81 B67 K0	C11 R235 M8 G224 Y69 B101 K0	C12 R232 M15 G211 Y73 B88 K0	C11 R234 M13 G216 Y66 B107 K0	C14 R228 M15 G208 Y83 B60 K0	C10 R239 M6 G226 Y82 B61 K0	C12 R233 M12 G214 Y86 B47 K0
C14 R228 M16 G206 Y88 B41 K0	C9 R238 M16 G210 Y87 B41 K0	C13 R230 M18 G204 Y80 B68 K0	C21 R212 M28 G181 Y97 B0 K0	C12 R233 M7 G226 Y58 B130 K0	C8 R243 M3 G234 Y73 B90 K0	C18 R221 M10 G213 Y89 B39 K0	C0 R255 M0 G241 Y100 B0 K0

C0 M0 Y0 K30　　C0 M0 Y100 K0

ChocoGraph 巧克力包装

这是设计学校赠礼用的礼品巧克力包装，收到的朋友既能品尝美味的巧克力，也能了解到设计史。设计师以黄色为主调，符合美食的愉悦感，又能吸引眼球。

设计：Barbara Katona

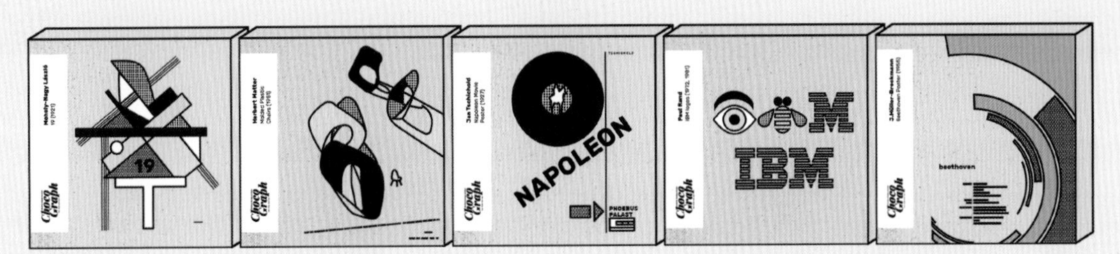

BAUHAUS
1919-1933

Moholy-nagy László

MODERN AMERICAN DESIGN
1925 – 1950

Herbert Matter

NEW TYPOGRAPHY ISOTYPE
1930 – 1950

Jan Tschichold

NEW YORK SCHOOL
1940 – 1970

Paul Rand

INTERNATIONAL TYPOGRAPHY
1950 – 1980

J. Müller-brockmann

POP ART
1955 – 1980

Andy Warhol

PSYCHEDELIC MOVEMENT
1958 – 1975

Milton Glaser

GRAFFITI AND STREET ART
1970 – 2000

Banksy

POSTMODERNISM
1970 – 2000

Wolfgang Weingart

CONTEMPORARY GRAPHIC DESIGN
1970 – 2000

Paula Scher

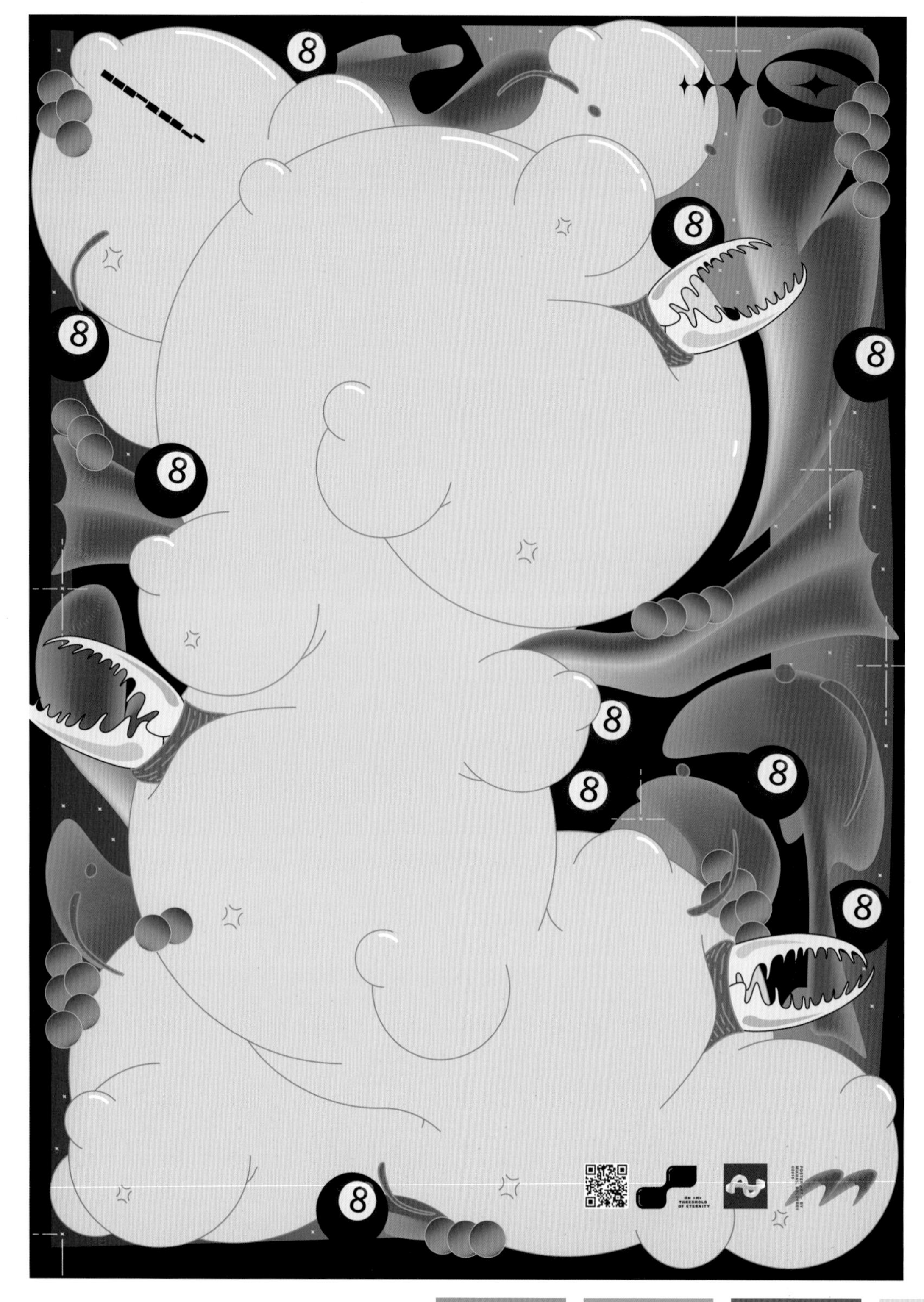

C75 M20 Y0 K0　C75 M0 Y100 K0　C4 M90 Y90 K0　C2 M10 Y77 K0

后互联网主义海报

该项目意在探索互联网对人们的影响，设计师通过黄色为主调的配色和造型表达天真与真挚、迷幻与超现实、动感与宁静。

设计：Mikhail Boldyrev

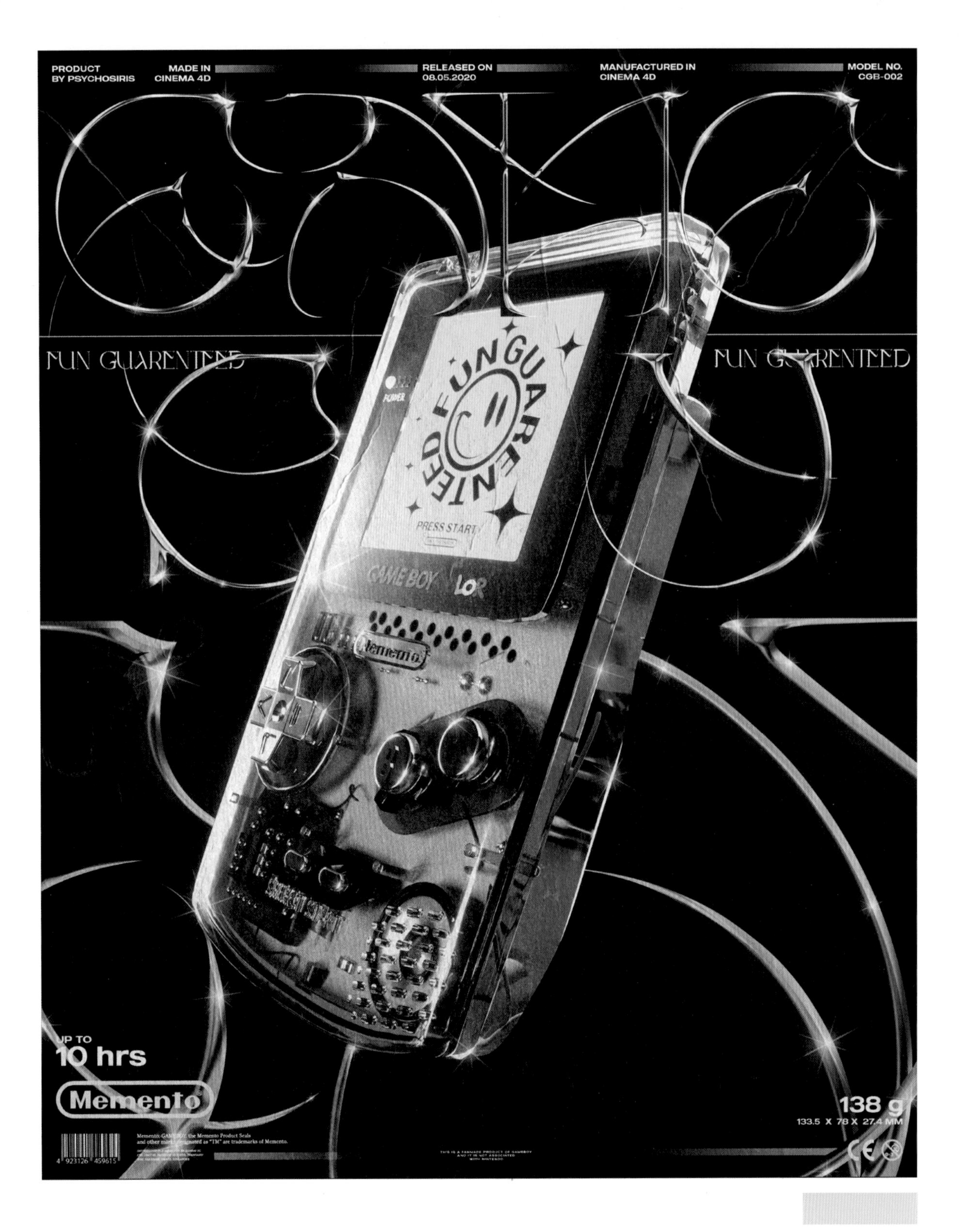

C14 M0 Y80 K0

Memento 游戏机海报

设计师利用黄色和黑色搭配，突出关键内容，展现快乐。

设计：Chow Zheng Kai

关键词

自然、清新、鲜活、健康、安宁、融洽、朴素、平静、青春、乡土、军事

绿色波长居中，是自然界中常见的颜色，象征着生长、和谐、治愈和希望。绿色和环境息息相关，生活中随处可见，给人有机、天然、可持续的印象。然而，使用不当会让人觉得停滞不前，或者过于平淡。在西方文化里，绿色也用来表示财富，使用不当则会引起嫉妒、贪婪和自私的感觉。

行业印象

农业

金融

教育

医美

地产

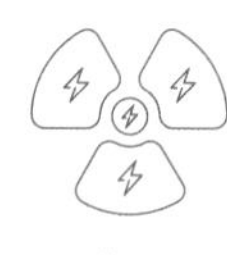

能源

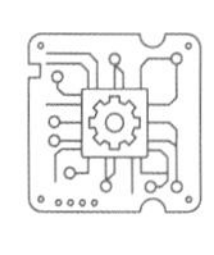

科技

C58 R119 M12 G176 Y77 B92 K0	C60 R116 M20 G164 Y75 B94 K0	C70 R76 M10 G167 Y90 B72 K0	C75 R66 M30 G141 Y70 B101 K0	C78 R45 M26 G144 Y73 B99 K0	C80 R49 M35 G130 Y93 B66 K2	C80 R54 M46 G108 Y86 B67 K13	C85 R31 M44 G110 Y100 B54 K10
C83 R36 M42 G116 Y76 B85 K7	C70 R87 M27 G146 Y90 B69 K1	C68 R89 M18 G159 Y88 B73 K0	C44 R157 M6 G199 Y55 B138 K0	C78 R56 M42 G107 Y90 B59 K20	C82 R41 M41 G119 Y78 B84 K5	C79 R49 M34 G132 Y75 B92 K2	C83 R0 M20 G147 Y80 B91 K0
C67 R82 M10 G172 Y59 B129 K0	C50 R137 M0 G201 Y50 B151 K0	C46 R147 M0 G207 Y36 B180 K0	C85 R32 M47 G103 Y85 B68 K15	C82 R42 M41 G120 Y82 B79 K4	C80 R44 M33 G132 Y84 B79 K3	C72 R77 M27 G147 Y70 B102 K0	C67 R83 M9 G173 Y63 B122 K0
C52 R133 M0 G197 Y64 B122 K0	C86 R28 M50 G93 Y90 B58 K22	C83 R37 M41 G115 Y91 B65 K9	C80 R54 M41 G122 Y84 B77 K3	C67 R84 M8 G173 Y72 B105 K0	C60 R105 M0 G189 Y60 B131 K0	C82 R45 M44 G110 Y90 B64 K12	C83 R37 M41 G115 Y91 B65 K10
C77 R56 M27 G142 Y89 B73 K0	C73 R65 M18 G156 Y73 B101 K0	C91 R0 M44 G103 Y99 B54 K16	C80 R45 M33 G130 Y91 B68 K4	C72 R72 M18 G156 Y84 B82 K0	C66 R89 M9 G173 Y73 B103 K0	C75 R72 M35 G130 Y100 B53 K5	C72 R78 M24 G149 Y93 B66 K0
C71 R81 M23 G151 Y92 B67 K0	C66 R91 M8 G173 Y87 B76 K0	C56 R123 M4 G187 Y78 B92 K0	C40 R168 M1 G209 Y61 B127 K0	C70 R92 M42 G123 Y100 B50 K6	C68 R94 M26 G149 Y100 B51 K0	C68 R89 M16 G161 Y95 B61 K0	C58 R118 M6 G182 Y89 B69 K0
C60 R112 M10 G176 Y80 B88 K0	C62 R108 M14 G169 Y83 B81 K0	C80 R57 M44 G116 Y94 B62 K5	C78 R62 M40 G121 Y97 B57 K6	C49 R144 M0 G199 Y74 B99 K0	C76 R58 M22 G148 Y100 B57 K0	C50 R143 M12 G183 Y72 B100 K0	C66 R95 M21 G159 Y68 B107 K0
C76 R62 M26 G144 Y100 B56 K0	C41 R166 M0 G207 Y68 B111 K0	C53 R132 M6 G188 Y72 B103 K0	C78 R64 M45 G114 Y91 B63 K8	C35 R182 M4 G208 Y76 B90 K0	C43 R163 M15 G185 Y82 B76 K0	C52 R138 M11 G182 Y86 B72 K0	C85 R30 M44 G107 Y97 B55 K14
C84 R37 M45 G107 Y95 B58 K13	C57 R120 M9 G181 Y66 B115 K0	C53 R134 M16 G176 Y64 B115 K0	C51 R140 M12 G182 Y73 B99 K0	C42 R165 M8 G196 Y78 B86 K0	C47 R157 M9 G189 Y82 B79 K0	C44 R160 M12 G188 Y88 B62 K0	C56 R126 M21 G167 Y61 B119 K0
C55 R129 M19 G171 Y62 B118 K0	C47 R150 M17 G181 Y57 B128 K0	C58 R135 M16 G175 Y78 B88 K0	C68 R85 M11 G168 Y88 B75 K0	C59 R117 M12 G174 Y89 B68 K0	C57 R125 M17 G170 Y86 B73 K0	C68 R85 M11 G167 Y89 B73 K0	C0 R255 M0 G241 Y100 B0 K0

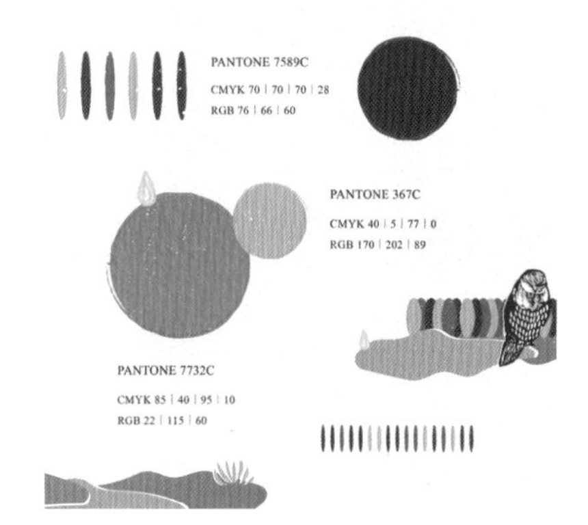

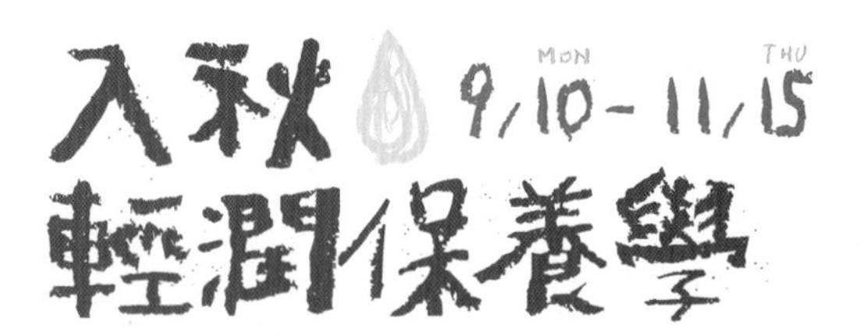

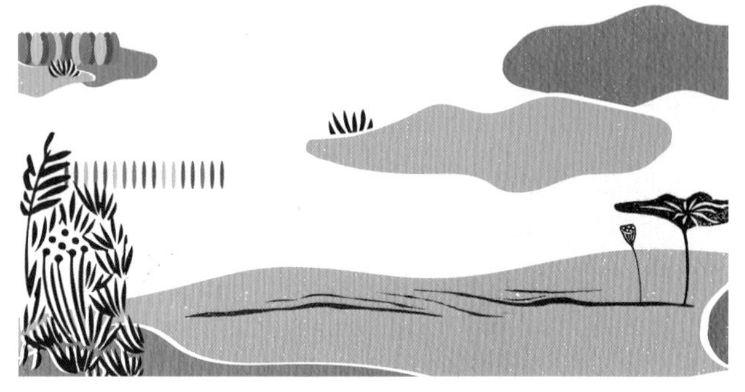

C85 M40 Y95 K10　C80 M25 Y80 K0　C40 M5 Y77 K0

茶籽堂护肤品牌

设计师以“秋日温度与人和土地间的每一刻真实表现”为主题，运用了人、鸟和植物的图案，配上绿色调增强层次感。绿色的大地，加上金黄色的油滴，让人感受到亲和、自然、健康。同时传递出进入秋天使用滋养保湿产品的需要，还强调了肌肤保养的重要性。

设计：黄可森

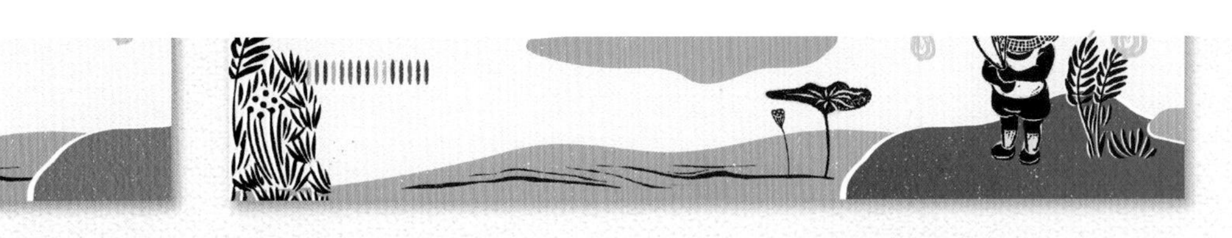

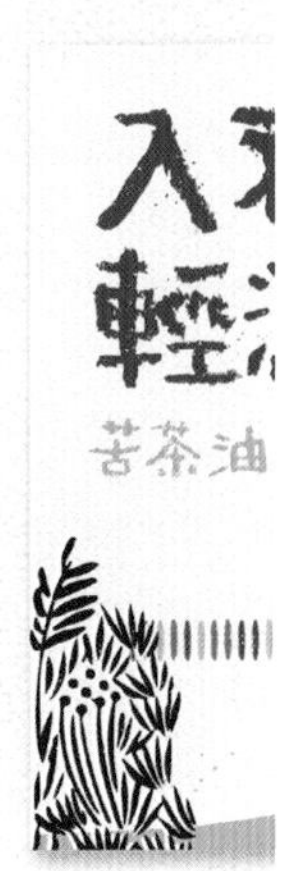

[Dsplay and Pop]

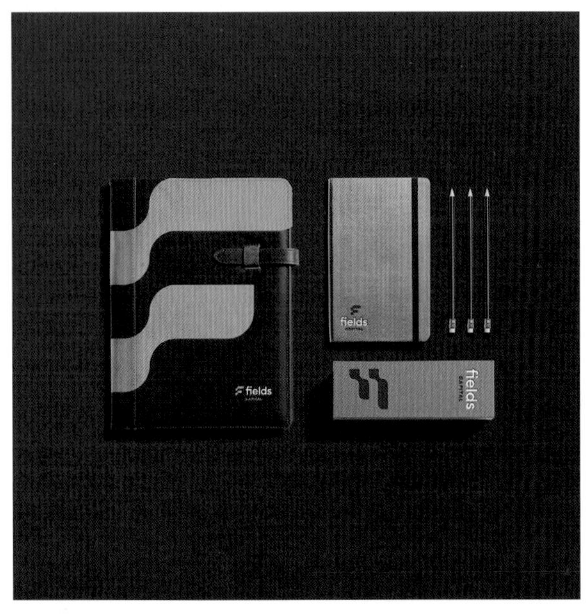

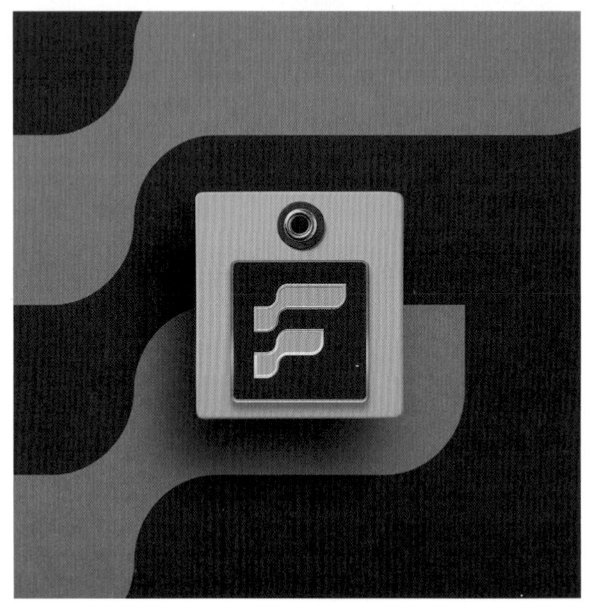

C94 M73 Y66 K38　C50 M25 Y39 K0

领域资本品牌形象

客户方作为一家金融公司需要在市场上树立一个稳健而又充满活力的品牌形象，并以此传达出成为世界上最大的独立投资公司的自信心。设计师对市场同类型企业形象进行调查研究，最后确定以简洁、严肃而又明快的定位去设计。

配色采用同色系的绿色，为整体设计增加了严谨又有活力的个性。

设计：Victor Berriel

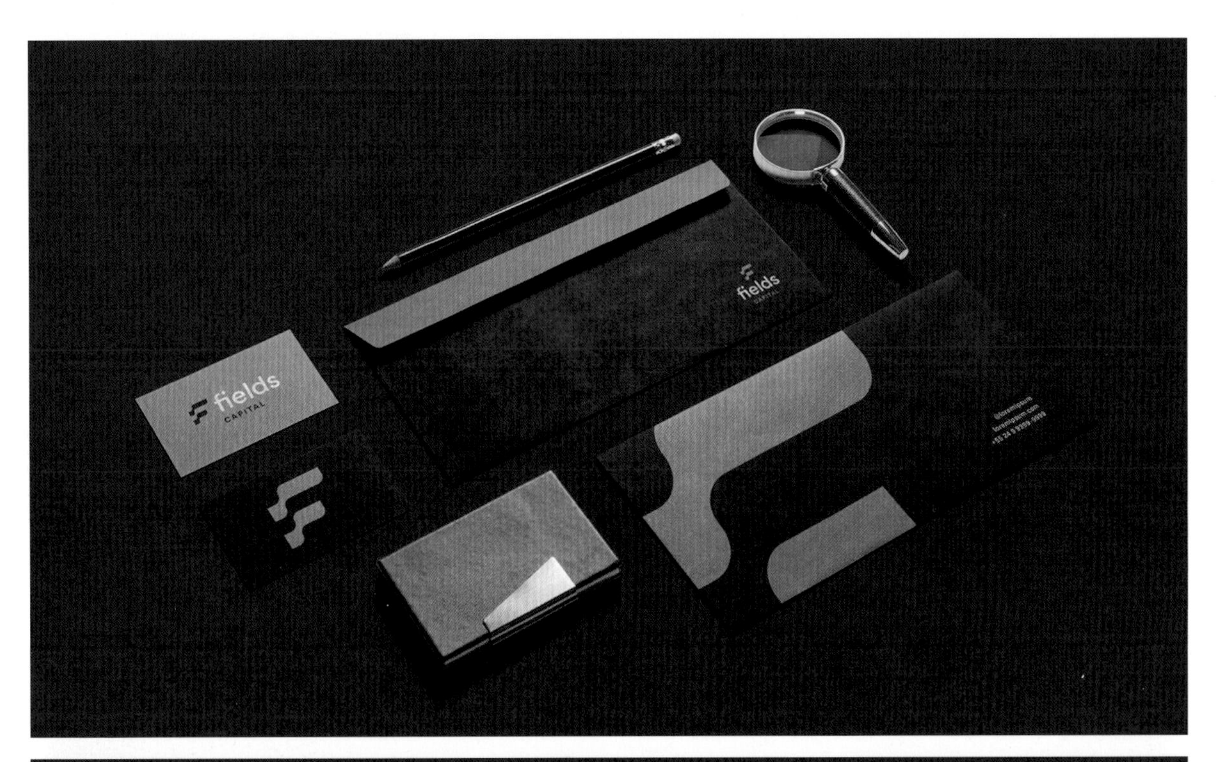
fields
CAPITAL

fields
CAPITAL

蓝色

关键词

冷静、理性、博爱、平静、消极、严谨、稳重、神秘、深远、宽广、抑制、寒冷

蓝色是属于广阔和深邃的天空和海洋颜色，能带给人平静感。它给人以沉静、秩序、理智、通透的感觉，是很多人喜爱的颜色。同时，蓝色也是一种抑制的颜色，也被认为是一种忧郁的颜色，使用不当会给人一种呆板、无趣的印象。

行业印象

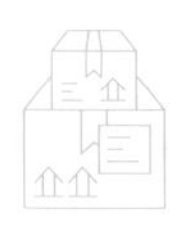

物流

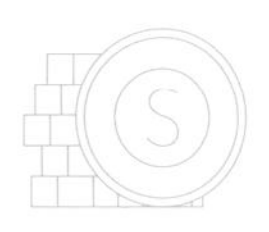

金融

交通

医美

建筑

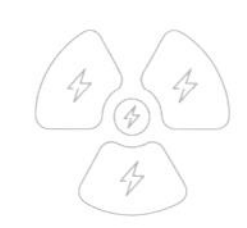

能源

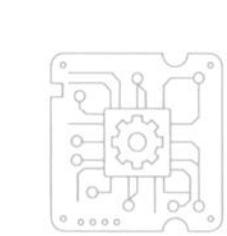

科技

C78 M38 Y15 K0	R42 G131 B180
C51 M10 Y12 K0	R130 G191 B215
C70 M27 Y18 K0	R72 G152 B187
C54 M20 Y18 K0	R125 G174 B196
C80 M40 Y32 K3	R39 G125 B152
C70 M34 Y20 K0	R80 G142 B178
C80 M55 Y14 K0	R57 G108 B164
C85 M43 Y16 K0	R0 G121 B173
C79 M35 Y25 K0	R33 G134 B169
C45 M16 Y16 K0	R151 G188 B204
C74 M23 Y30 K0	R50 G153 B171
C73 M40 Y40 K0	R77 G131 B142
C77 M42 Y22 K0	R57 G126 B167
C81 M51 Y28 K0	R50 G112 B150
C85 M55 Y35 K0	R37 G104 B137
C69 M21 Y25 K0	R73 G160 B181
C74 M27 Y25 K0	R54 G148 B176
C77 M40 Y27 K0	R56 G129 B161
C54 M27 Y27 K0	R129 G164 B175
C80 M38 Y29 K0	R34 G130 B160
C85 M35 Y26 K2	R0 G129 B165
C70 M19 Y30 K0	R67 G161 B175
C70 M30 Y25 K0	R77 G147 B174
C40 M9 Y18 K0	R164 G203 B208
C98 M80 Y60 K21	R0 G58 B79
C98 M77 Y41 K16	R0 G64 B103
C95 M85 Y35 K5	R30 G60 B112
C94 M70 Y38 K2	R0 G81 B121
C92 M70 Y31 K0	R26 G82 B130
C87 M56 Y20 K0	R17 G102 B155
C84 M61 Y12 K0	R47 G96 B160
C90 M50 Y0 K0	R49 G113 B181
C80 M50 Y0 K0	R48 G113 B185
C74 M44 Y0 K0	R69 G125 B192
C70 M40 Y0 K0	R81 G133 B197
C70 M30 Y0 K0	R70 G148 B209
C65 M25 Y0 K0	R87 G158 B215
C60 M20 Y0 K0	R101 G170 B221
C50 M15 Y0 K0	R132 G186 B229
C30 M10 Y0 K0	R47 G212 B239
C55 M0 Y10 K0	R110 G200 B226
C50 M10 Y5 K0	R132 G193 B227
C62 M0 Y20 K0	R85 G192 B207
C70 M24 Y30 K0	R73 G155 B171
C75 M50 Y20 K0	R74 G116 B162
C83 M57 Y2 K0	R44 G101 B175
C79 M41 Y16 K0	R42 G127 B175
C77 M56 Y5 K0	R70 G106 B173
C84 M60 Y10 K0	R45 G97 B163
C75 M45 Y15 K0	R68 G123 B173
C90 M61 Y24 K0	R3 G94 B146
C65 M43 Y22 K0	R103 G132 B167
C78 M45 Y13 K0	R54 G122 B175
C88 M46 Y12 K0	R0 G115 B175
C76 M42 Y25 K0	R63 G127 B163
C77 M45 Y32 K0	R63 G122 B150
C86 M40 Y22 K2	R0 G123 B166
C68 M28 Y28 K0	R84 G151 B171
C63 M33 Y25 K0	R104 G148 B172
C53 M25 Y10 K0	R129 G168 B204
C59 M29 Y8 K0	R112 G258 B201
C30 M8 Y3 K0	R187 G215 B237
C49 M20 Y11 K0	R139 G179 B208
C45 M16 Y15 K0	R150 G188 B206
C65 M23 Y10 K0	R88 G161 B203
C72 M34 Y24 K0	R72 G140 B171
C78 M48 Y26 K0	R60 G117 B156
C60 M25 Y30 K0	R111 G161 B171
C67 M30 Y7 K0	R85 G150 B200
C51 M11 Y6 K0	R129 G190 B224
C55 M15 Y10 K0	R118 G181 B213
C48 M14 Y8 K0	R140 G189 B219
C67 M30 Y7 K0	R85 G150 B200
C61 M30 Y7 K0	R106 G155 B201
C78 M50 Y18 K0	R61 G115 B164
C68 M28 Y12 K0	R80 G152 B195
C67 M36 Y0 K0	R88 G141 B202
C73 M38 Y0 K0	R66 G134 B199
C76 M46 Y7 K0	R64 G121 B182
C100 M0 Y0 K0	R0 G160 B233

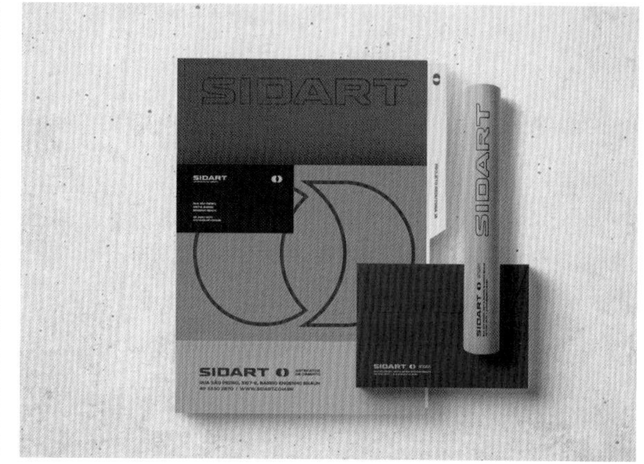

C17 M12 Y12 K0

C100 M85 Y0 K0

Sidart 建材品牌形象

Sidart 位于巴西圣卡塔琳娜州，是一家制造水泥产品的公司。设计团队以灰色和蓝色作为品牌的主色调，灰色代表水泥建筑制品，蓝色则用以传达安全、认真的品牌精神。由于公司所销售的管道是大型建筑物所使用的建材，设计团队认为给公司的客户建立一种安全感是很有必要的。

设计：Lucas Matheus, João Cândido

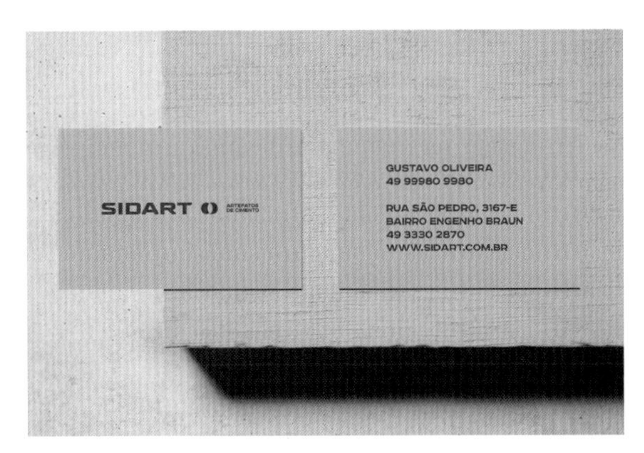
SIDART
GUSTAVO OLIVEIRA
49 99980 9980
RUA SÃO PEDRO, 3167-E
BAIRRO ENGENHO BRAUN
49 3330 2870
WWW.SIDART.COM.BR

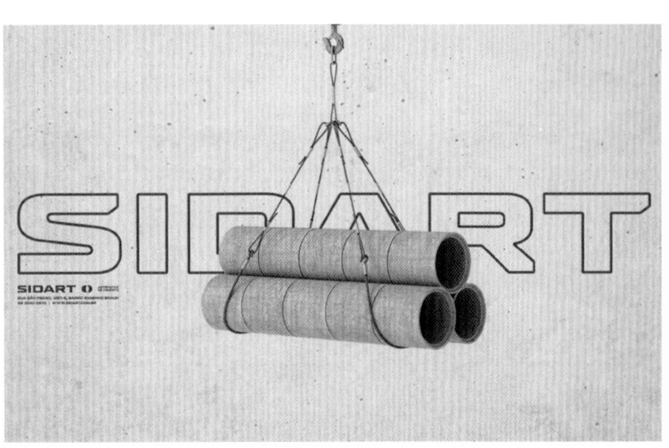
SIDART
SIDART

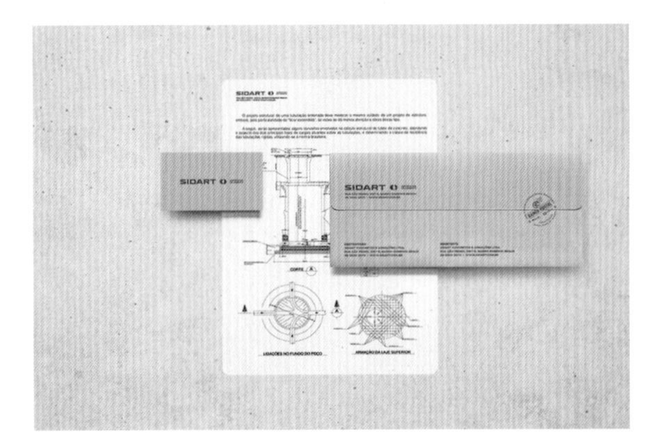
SIDART
SIDART

902-B
SIDART

UMA OBRA
EM PARCERIA
COM A SIDART.
SIDART

SIDART

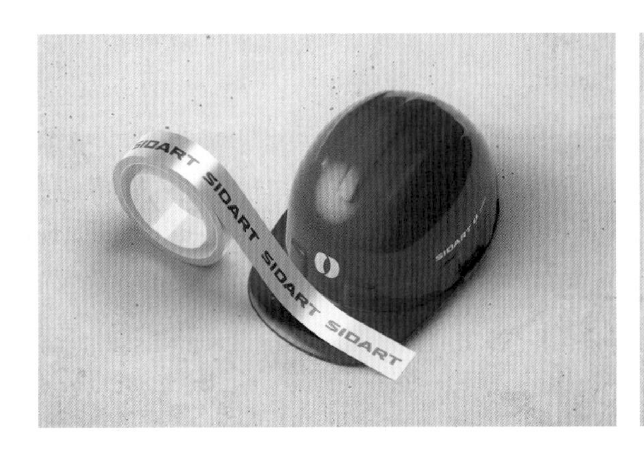
SIDART
SIDART
SIDART
SIDART

SIDART
GUSTAVO OLIVEIRA
49 99980 9980
RUA SÃO PEDRO, 3167-E
BAIRRO ENGENHO BRAUN
49 3330 2870
WWW.SIDART.COM.BR
GUSTAVO OLIVEIRA
49 99980 9980
RUA SÃO PEDRO, 3167-E
BAIRRO ENGENHO BRAUN
49 3330 2870
WWW.SIDART.COM.BR
SIDART

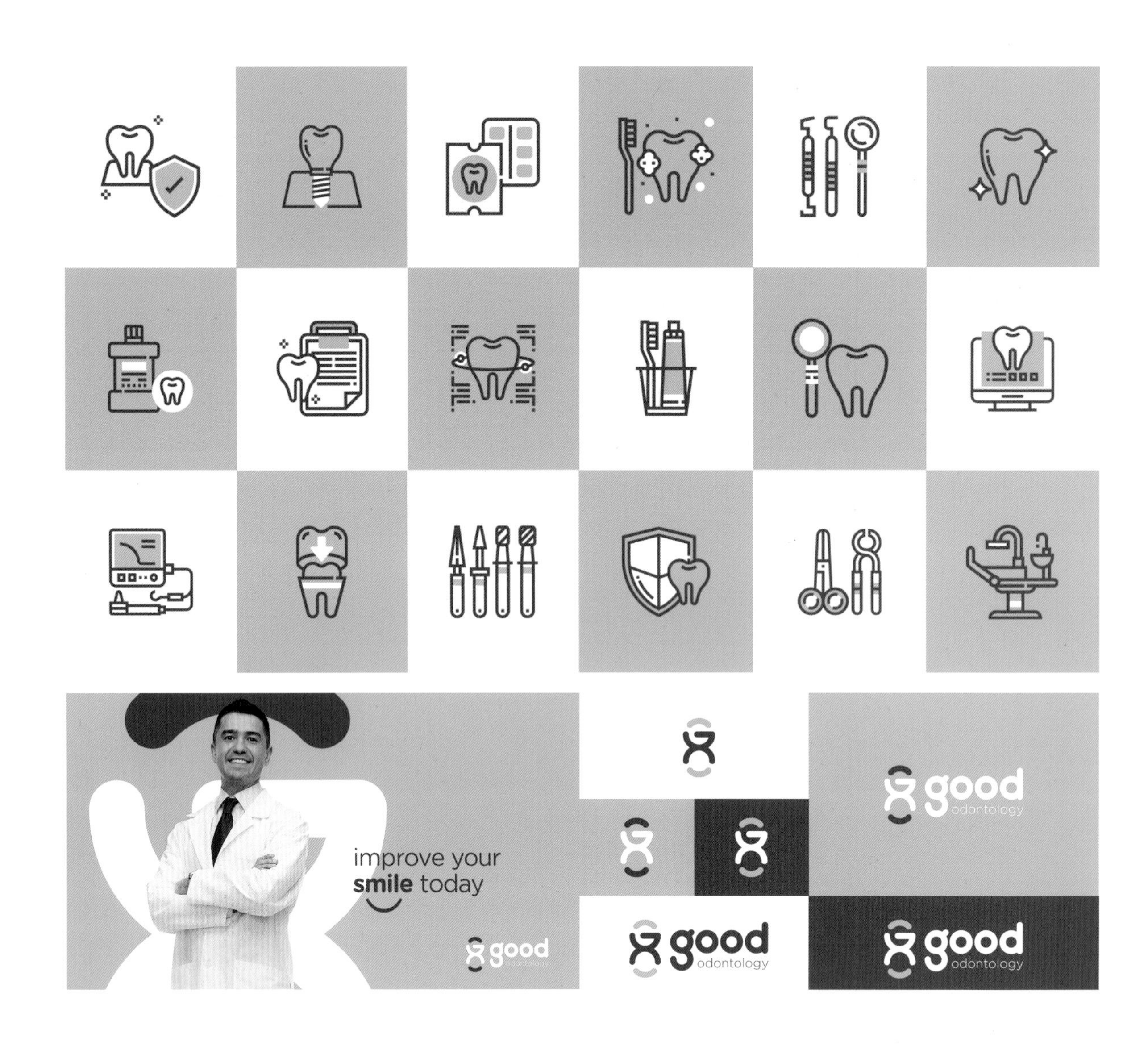

C70 M64 Y60 K15　C67 M0 Y0 K0

Good Odonto 齿科品牌

这是一家口腔医疗机构的品牌设计，设计师选用蓝色和灰色作为该品牌的主色调，目的是给患者传递出他们技术的安全严谨。

设计：Ryo Iwamoto

get the beautiful white smile you've always wanted
love your smile :)
#good
good odontology
JOHN DOE
dentistry
good
odontology
Orçamento 00
Av. Rio Branco, 645
Centro | Ijuí RS
(55) 3512-5550
camila@gmail.com
Av. Rio Branco, 641
Centro Santa Rosa RS
(55) 3512-5550
loveyoursmile
love your smile :)
#goodsmile
get the smile you've always wanted
#goodsmile
loveyoursmile

紫色

关键词

典雅、奢华、尊贵、魅惑、娇艳、浪漫、神秘、怀旧、吉祥、古典、智慧、灵觉

紫色自古以来便被作为尊贵色，在中国传统文化里就有“紫气东来”的说法，象征着高贵、神圣和威严。因为紫色的波长最短，可见度最低，因此它代表沉思、神秘、灵性和魔力，并能激发人的思索和想象。另外，紫色具有强烈的女性象征，因而常用于和女性有关的商品或企业形象中。淡紫色也可以用来表达乡愁或者多愁善感的情绪。

行业印象

服装

教育

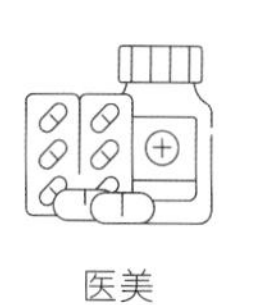
医美

家居

烟酒

文化

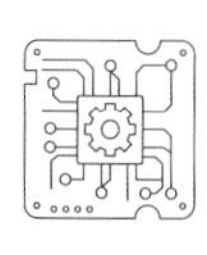
科技

C70 R101	C65 R111	C76 R90	C72 R98	C66 R111	C68 R96	C79 R79	C85 R71
M100 G34	M95 G41	M100 G35	M93 G46	M92 G48	M90 G47	M89 G53	M99 G39
Y50 B84	Y45 B90	Y43 B92	Y41 B97	Y34 B106	Y53 B79	Y46 B93	Y40 B98
K10	K10	K8	K8	K6	K20	K11	K5
C64 R119	C60 R128	C71 R106	C62 R123	C67 R112	C81 R82	C83 R78	C88 R65
M100 G33	M95 G42	M100 G36	M94 G43	M89 G53	M98 G39	M99 G39	M100 G41
Y40 B97	Y26 B115	Y38 B101	Y16 B125	Y9 B136	Y25 B115	Y33 B107	Y47 B93
K2	K0	K0	K0	K0	K0	K1	K2
C52 R143	C50 R147	C60 R128	C45 R155	C59 R128	C71 R103	C77 R88	C69 R109
M97 G32	M90 G51	M100 G24	M96 G29	M87 G56	M95 G42	M87 G55	M96 G33
Y16 B122	Y11 B133	Y13 B123	Y8 B127	Y0 B145	Y23 B117	Y3 B143	Y0 B137
K0	K0	K0	K2	K0	K3	K0	K0
C41 R164	C43 R160	C52 R143	C61 R124	C36 R173	C42 R162	C49 R148	C33 R180
M90 G48	M86 G59	M93 G40	M87 G57	M80 G75	M75 G86	M83 G67	M66 G107
Y0 B140	Y0 B145	Y0 B138	Y6 B140	Y0 B151	Y9 B149	Y7 B143	Y6 B163
K0	K0	K0	K0	K0	K0	K0	K0
C46 R154	C62 R121	C55 R136	C58 R129	C28 R183	C37 R172	C39 R168	C21 R204
M74 G86	M80 G72	M78 G78	M77 G77	M67 G103	M72 G94	M69 G99	M48 G150
Y3 B156	Y14 B140	Y20 B135	Y3 B153	Y0 B163	Y16 B145	Y5 B160	Y1 B193
K0	K0	K0	K0	K5	K0	K0	K0
C39 R162	C74 R96	C54 R128	C72 R102	C59 R128	C45 R147	C56 R132	C35 R163
M66 G101	M88 G55	M69 G87	M92 G50	M83 G68	M62 G104	M69 G93	M62 G105
Y0 B163	Y9 B137	Y0 B154	Y27 B117	Y21 B130	Y0 B164	Y5 B160	Y0 B161
K6	K0	K10	K0	K0	K9	K0	K12
C70 R102	C48 R144	C30 R187	C66 R114	C59 R127	C49 R136	C63 R120	C45 R150
M88 G56	M73 G85	M57 G128	M91 G52	M77 G77	M76 G73	M98 G28	M92 G44
Y35 B108	Y17 B137	Y16 B162	Y36 B107	Y5 B151	Y0 B144	Y8 B127	Y19 B118
K6	K7	K0	K2	K0	K13	K3	K7
C29 R189	C70 R105	C78 R83	C64 R119	C68 R106	C48 R150	C71 R104	C75 R96
M49 G144	M86 G60	M98 G36	M90 G51	M89 G53	M77 G80	M91 G51	M96 G43
Y7 B183	Y19 B130	Y35 B99	Y10 B134	Y35 B106	Y6 B150	Y21 B124	Y32 B109
K0	K0	K11	K0	K7	K0	K0	K1
C72 R102	C77 R90	C51 R144	C49 R147	C57 R129	C82 R78	C64 R119	C78 R88
M97 G39	M97 G41	M76 G81	M76 G81	M65 G100	M94 G46	M90 G51	M93 G47
Y29 B11	Y38 B101	Y9 B148	Y12 B144	Y9 B160	Y20 B123	Y10 B134	Y18 B126
K2	K4	K0	K2	K0	K0	K0	K0
C28 R190	C35 R176	C53 R140	C55 R137	C65 R116	C77 R91	C67 R106	C60 R127
M57 G128	M45 G148	M77 G78	M88 G57	M98 G32	M100 G37	M94 G44	M100 G16
Y7 B173	Y0 B196	Y5 B151	Y19 B127	Y17 B120	Y38 B101	Y50 B86	Y0 B132
K0	K0	K0	K0	K3	K2	K11	K0

C30 M40 Y0 K0

绝对鸡尾酒宣传海报

设计师通过超现实的元素和紫色的搭配，构建一种酒精饮料的迷离感，让消费者在视觉上也能感受到深邃的魅惑。

设计：Maria Nowicka

SLEEPING BEAUTY-BY JIN
좋은 밤 보내
DR1NK LIK3 4 STAR
LIFE FEELS GOOD WHEN YOU SIP ON THAT
BLATANT
SOMNOLENT
LIGHT-HEARTED
PUERILE
DREAMY
„Go-to party drink; instant conversation starter!"
ABTSOLUT
WEIGHT LIMIT 10 TONS
A.K.A FUCK THE CALORIES DRINK
INGREDIENTS
[BANGTAN SEONYEONDAN X ABSOLUT]
„This is such a moood maker!"
2020
TODAY MENU
Absolut-soaked teddy bear (!) jellies (various flavou
bunch!
Whipped creamed pre-mixed with plum marmolade
this one too
Rose wine & rose syrup
1oz & 1oz
Fruit sprinkles
handful!
Agave milk
0,5oz
Tonic water
2oz
Ice
짠
BY JIN*
[Kim Seokijn]

美妆学院宣传海报

美容美发学院的宣传海报，选用紫色调来表达女性娇艳诱惑的美感。

设计：八木彩

C2 M93 Y74 K0

C60 M86 Y0 K0

nixit 女性用品包装

设计团队选用紫色作为包装的主色调，传递产品的神秘感和女性的魅惑。

设计：Danielle McWaters, Soojin Kim

关键词

严肃、庄严、现代、神秘、正式、死亡、纯净、简约、理性、高级、理性、含蓄、质朴、雅致

黑色是极致的颜色，具有权威、高雅、低调、创意、奢华、大胆、力量、神秘的感觉。黑色可以增加戏剧性的效果，也能表达精细的品质，流露出高级感，适用领域和范围较广。同时黑色也传递邪恶、死亡和哀悼。与黑色相反，白色较为柔和，与其他颜色更易搭配。白色的纯净、纯真，可以产生简约、清爽、现代感，同时也会给人冷漠的感觉。白色在西方文化里是婚纱的颜色，象征着纯洁和忠贞不渝的爱，而在许多东方国家则是哀悼的颜色。

灰色是一个中性色，它常常与一些明亮的颜色搭配，来减缓明亮色彩的饱和度。灰色给人的感觉和与它搭配的颜色密切相关，取决于与它搭配的颜色的色彩效果，它可以用来表现正式的、保守的感觉，也能带给人现代感。

行业印象

服装

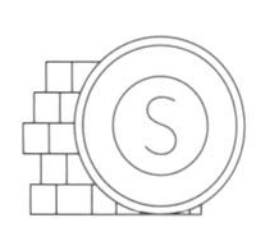
金融

家居

医美

建筑

文化

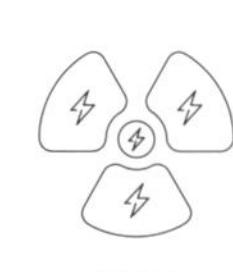
能源

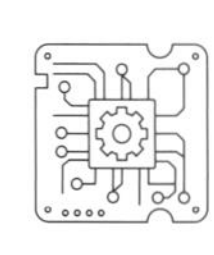
科技

C	M	Y	K	R	G	B
C24	M18	Y20	K10	R203	G203	B199
C31	M24	Y23	K0	R188	G187	B187
C38	M28	Y29	K0	R171	G175	B173
C43	M33	Y33	K0	R160	G163	B161
C50	M39	Y38	K0	R144	G148	B147
C60	M49	Y42	K0	R121	G125	B133
C62	M54	Y49	K0	R118	G116	B119
C66	M55	Y54	K4	R105	G110	B109
C70	M60	Y58	K9	R93	G97	B97
C73	M64	Y62	K18	R81	G84	B84
C74	M67	Y64	K24	R76	G76	B76
C76	M70	Y67	K34	R64	G64	B64
C26	M21	Y24	K0	R199	G196	B189
C36	M29	Y33	K0	R176	G174	B165
C47	M38	Y40	K0	R151	G151	B145
C56	M47	Y49	K0	R131	G130	B124
C39	M28	Y24	K4	R165	G171	B177
C33	M25	Y20	K0	R182	G184	B191
C25	M16	Y15	K0	R200	G206	B209
C16	M11	Y10	K0	R221	G222	B225
C11	M7	Y7	K0	R232	G234	B235
C82	M77	Y78	K60	R33	G34	B32
C70	M62	Y65	K17	R89	G89	B82
C65	M56	Y58	K4	R108	G109	B102
C50	M38	Y32	K0	R143	G150	B158
C65	M55	Y50	K2	R109	G112	B116
C72	M63	Y58	K12	R87	G90	B93
C15	M9	Y10	K0	R223	G227	B227
C17	M12	Y13	K4	R213	G215	B213
C29	M21	Y17	K2	R189	G192	B199
C40	M30	Y28	K0	R167	G170	B172
C50	M40	Y35	K0	R144	G146	B151
C32	M25	Y22	K5	R180	G180	B183
C29	M21	Y18	K0	R191	G194	B199
C21	M14	Y14	K0	R209	G213	B214
C18	M11	Y14	K2	R214	G218	B215
C9	M5	Y8	K1	R236	G238	B235
C72	M60	Y56	K10	R87	G96	B99
C63	M53	Y47	K0	R115	G117	B122
C53	M46	Y41	K0	R138	G134	B137
C49	M37	Y36	K2	R145	G150	B151
C61	M52	Y52	K1	R119	G119	B115
C75	M70	Y73	K35	R66	G64	B58
C7	M5	Y5	K1	R240	G240	B240
C15	M11	Y11	K1	R222	G222	B222
C24	M18	Y18	K0	R203	G203	B202
C33	M26	Y24	K0	R183	G182	B183
C43	M35	Y33	K3	R158	G157	B157
C52	M43	Y42	K0	R140	G140	B138
C63	M55	Y52	K2	R114	G113	B113
C71	M63	Y61	K15	R88	G88	B87
C76	M72	Y70	K40	R60	G57	B56
C26	M17	Y18	K0	R198	G203	B203
C48	M40	Y36	K0	R149	G147	B150
C57	M48	Y44	K0	R128	G129	B131
C35	M27	Y27	K0	R178	G179	B177
C64	M56	Y58	K5	R110	G109	B102
C45	M34	Y29	K0	R155	G160	B167
C25	M19	Y18	K0	R200	G201	B201
C45	M36	Y34	K3	R153	G154	B154
C58	M49	Y48	K0	R126	G126	B124
C67	M58	Y56	K6	R102	G104	B103
C69	M62	Y59	K11	R95	G93	B93
C75	M69	Y66	K29	R70	G69	B69
C79	M74	Y72	K48	R48	G48	B48
C85	M80	Y79	K67	R23	G24	B24
C89	M84	Y85	K75	R10	G10	B10
C30	M23	Y22	K0	R189	G190	B190
C56	M47	Y44	K0	R131	G131	B131
C0	M0	Y0	K100	R35	G24	B21
C0	M0	Y0	K90	R62	G58	B58
C0	M0	Y0	K80	R89	G87	B87
C0	M0	Y0	K70	R114	G113	B113
C0	M0	Y0	K60	R137	G137	B137
C0	M0	Y0	K50	R159	G160	B160
C0	M0	Y0	K40	R181	G181	B182
C0	M0	Y0	K30	R201	G202	B202
C0	M0	Y0	K20	R220	G221	B221
C0	M0	Y0	K10	R239	G239	B239
C0	M0	Y0	K0	R255	G255	B255

L1 L2 L3 P1 P2 P3

C0 M0 Y0 K100

C0 M0 Y0 K0

C14 M14 Y14 K0

炎空间

这是一个集艺术展览、主题沙龙、国际交流、力量竞技、联合办公、咖啡简餐为一体的文化类综合空间，其主消费人群为艺术爱好者、知识分子、潮流青年。

该品牌形象的用色以黑色、白色和灰色为主。黑色给人稳重的感觉，而且它包容性强，适用于各种风格和维度都不同的活动形象。另外，设计师将红色运用在 LOGO 的“炎”字上，在红色的点缀下，整个视觉形象视觉聚焦又体现艺术感。

设计：邓雄均

YAN.SPACE
玩家联盟炎空间
北京市朝阳区顺黄路16号
No. 16 Shunhuang Road, Chaoyang District, Beijing

No. 16 Shunhuang Road, Chaoyang District, Beijing
YAN.SPACE
玩家联盟炎空间
北京市朝阳区顺黄路16号
No. 16 Shunhuang Road, Chaoyang District, Beijing

YAN.SPACE
炎空间.
No. 16 Shunhuang Road, Chaoyang District, Beijing

YAN.SPACE

No. 16 Shunhuang Road, Chaoyang District, Beijing
YAN.SPACE
炎空间.
THE FLAME THAT WE SET ON FIRE MAY LIGHT UP A BEAM TO THE OTHERS.
玩家联盟炎空间
北京市朝阳区顺黄路16号
No. 16 Shunhuang Road, Chaoyang District, Beijing

Wine
YAN.SPACE
炎空间.
WINE BEER WHISKEY BRANDY VODKA RUM TEQUILA GIN COCKTAIL

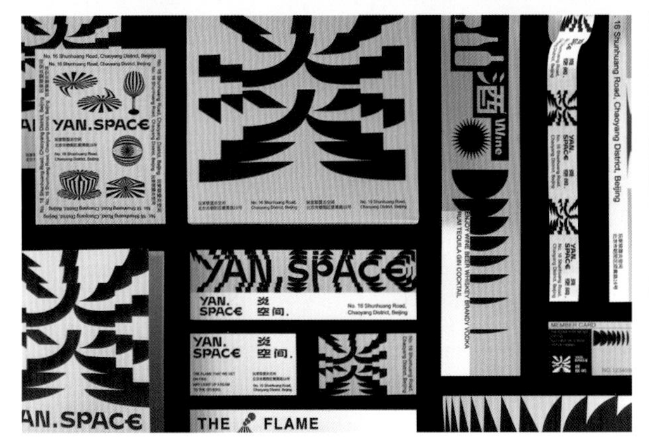
YAN.SPACE
16 Shunhuang Road, Chaoyang District, Beijing
Wine
WINE BEER WHISKEY BRANDY VODKA RUM TEQUILA GIN COCKTAIL
YAN.SPACE
炎空间.
THE FLAME

YAN.SPACE
我们燃起的一团火焰，也许

C67 M60 Y56 K6

Maitri — Home Collection 家居产品包装

品牌方希望通过新的包装向消费者传达他们艺术、严谨、合理的全新定位。设计师选用深灰色作为主色调，配以黑、白两色。

设计：Sebastien Paradis

Prana

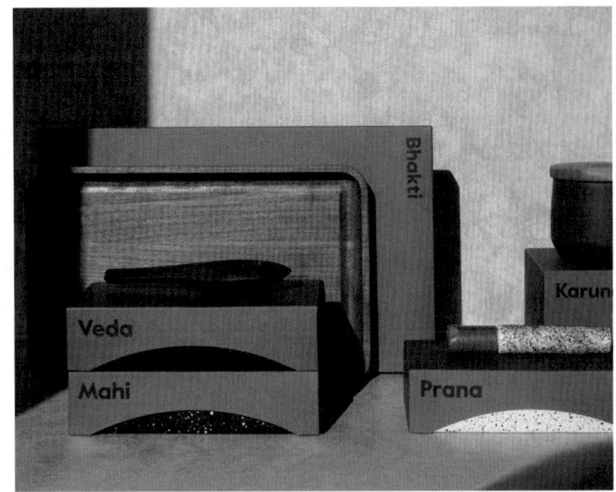
Bhakti
Veda
Mahi
Prana

Veda

Prana
Prana
Prana

第四章

色彩搭配的调性

任何一个设计作品的色彩搭配都有特定色彩调性感觉，有热烈刺激的，清新淡雅的、神秘幻想的、热情鲜艳的、沉稳大气的、醇厚浓郁的等等，每一个不同的调性都是为了满足不同的设计定位需求。

而要创建这些不同的色彩调性搭配，需要对前文提到的色相、明度、纯度、对比关系、色彩心理有所了解，也需要我们对日常生活情感认知的细细品味和提炼。

醇厚浓郁

沉稳静穆

神秘深邃

清新自然

奇幻灵动

热情饱满

芬芳惬意

甜美粉嫩

洁净轻盈

活泼悦眼

活泼悦眼

活泼悦眼的色彩调性主要通过高明度、高纯度的不同色相进行组合搭配，并以暖色系为主。

鲜活 · 清爽 · 醒目 · 快乐 · 积极 · 能动 · 明快 · 活跃 · 温暖 · 朝气 · 自由 · 随性

C0 M0 Y35 K0	R255 G250 B188
C0 M0 Y90 K0	R255 G242 B0
C15 M15 Y100 K0	R227 G206 B0
C0 M30 Y100 K0	R250 G190 B0
C30 M55 Y100 K0	R190 G128 B24
C65 M0 Y0 K0	R55 G190 B240
C0 M5 Y30 K0	R255 G243 B195
C0 M20 Y100 K0	R253 G208 B0
C0 M20 Y30 K0	R251 G216 B181
C0 M80 Y95 K0	R250 G217 B181
C70 M75 Y0 K0	R101 G77 B157
C0 M0 Y0 K90	R162 G58 B58
C0 M0 Y40 K0	R255 G249 B177
C0 M0 Y90 K0	R255 G242 B0
C0 M40 Y100 K0	R247 G171 B0
C0 M80 Y80 K0	R234 G85 B50
C25 M0 Y0 K0	R199 G232 B250
C65 M0 Y25 K0	R71 G188 B198
C0 M10 Y100 K0	R255 G225 B0
C20 M0 Y100 K0	R219 G224 B0
C0 M20 Y0 K0	R250 G220 B233
C0 M80 Y10 K0	R233 G82 B142
C20 M25 Y0 K0	R209 G196 B224
C65 M80 Y0 K0	R114 G69 B152
C0 M10 Y20 K0	R254 G236 B210
C12 M0 Y100 K0	R236 G231 B0
C40 M0 Y30 K0	R164 G214 B193
C40 M0 Y0 K0	R159 G217 B246
C0 M80 Y60 K0	R234 G185 B80
C0 M85 Y37 K0	R232 G69 B106
C0 M12 Y85 K0	R255 G223 B41
C10 M40 Y95 K0	R230 G167 B4
C0 M52 Y92 K0	R242 G148 B20
C5 M88 Y20 K0	R224 G57 B123
C60 M0 Y18 K0	R93 G194 B211
C60 M78 Y90 K40	R90 G53 B34
C0 M0 Y100 K0	R255 G241 B0
C60 M0 Y18 K0	R93 G194 B211
C0 M70 Y75 K0	R237 G109 B61
C0 M90 Y90 K0	R232 G56 B32
C90 M80 Y50 K15	R42 G62 B92
C0 M0 Y0 K100	R35 G24 B21
C0 M30 Y70 K0	R249 G193 B88
C0 M80 Y75 K0	R234 G85 B57
C0 M45 Y2 K0	R243 G169 B199
C66 M0 Y23 K0	R64 G188 B201
C66 M0 Y42 K0	R73 G186 B166
C90 M5 Y75 K0	R0 G157 B104
C0 M15 Y90 K0	R255 G218 B1
C0 M30 Y30 K0	R248 G197 B172
C0 M70 Y70 K0	R237 G109 B70
C50 M0 Y90 K0	R142 G196 B62
C62 M0 Y40 K0	R91 G190 B170
C80 M40 Y50 K30	R32 G100 B101
C0 M0 Y20 K0	R255 G252 B219
C20 M0 Y30 K0	R214 G233 B196
C85 M0 Y35 K0	R0 G169 B178
C0 M50 Y80 K0	R243 G153 B58
C40 M65 Y0 K0	R166 G106 B170
C90 M80 Y50 K15	R42 G62 B92

C100 M0 Y0 K0　C0 M100 Y0 K0　C0 M0 Y100 K0　C0 M100 Y100 K0　C0 M0 Y0 K100

佐藤晃一展览海报

佐藤擅长运用渐变及平面色彩，因此他的专题展览海报将这一特色融入展览视觉里，使用印刷原色进行配色，并采用专色油墨印刷，色彩饱满且强烈。

设计：村松丈彦，永藤隆弘

グラフィックデザイナー
佐藤晃一展
2017年9月16日[土]——11月26日[日]
午前10時—午後6時　金曜日のみ午後8時閉館（当館併設の旧井上房一郎邸は午後6時閉館）いずれも入館は閉館30分前まで
○休館日＝9月19日[火]、25日[月]／10月2日[月]、10日[火]、16日[月]、23日[月]、30日[月]／11月6日[月]、13日[月]、20日[月]、24日[金]
○観覧料＝一般 500（400）円／大高生 300（250）円　※（ ）内は20名以上の団体割引料金　※10月28日[土]は県民の日のため無料公開となります。
※身体障害者手帳、療育手帳、精神障害者保健福祉手帳の交付を受けた方および付き添いの方1名、65歳以上の方、中学生以下は無料となります。
○主催・会場＝高崎市美術館　○企画協力＝佐藤恵子、柔藤隆弘、村松丈彦
○後援＝朝日新聞前橋総局、共同通信社前橋支局、産経新聞前橋支局、上毛新聞社、東京新聞前橋支局、毎日新聞前橋支局、読売新聞前橋支局、NHK前橋放送局、群馬テレビ、J:COM群馬、FM GUNMA、ラジオ高崎
design by Takahiro Eto + Takehiko Muramatsu
高崎市美術館
〒370-0849 群馬県高崎市八島町110-27
TEL 027-324-6125 FAX 027-324-6126
http://www.city.takasaki.gunma.jp/docs/2014011000353/

洁净轻盈

洁净轻盈的色彩调性主要通过高明度、低纯度的不同色相进行组合搭配，以冷色系为主。

纯净 · 柔软 · 轻然 · 中性 · 简单 · 舒心 · 平静 · 悠闲 · 安心 · 舒缓 · 清透 · 明亮

C5 R245	C5 R244	C15 R225	C30 R190	C20 R217	C45 R158
M5 G241	M10 G233	M15 G211	M35 G167	M0 G228	M20 G176
Y15 B223	Y15 B219	Y55 B219	Y45 B116	Y65 B116	Y80 B80
K0	K0	K0	K0	K0	K0

C2 R253	C15 R226	C45 R158	C15 R224	C23 R204	C35 R139
M2 G247	M0 G236	M20 G176	M2 G238	M10 G218	M20 G152
Y30 B197	Y80 B175	Y80 B80	Y10 B234	Y5 B233	Y10 B168
K0	K0	K0	K0	K0	K30

C0 R253	C0 R252	C5 R243	C0 R252	C15 R225	C30 R190
M10 G238	M15 G229	M15 G223	M20 G215	M15 G211	M35 G167
Y5 B237	Y8 B226	Y20 B204	Y40 B161	Y55 B132	Y45 B139
K0	K0	K0	K0	K0	K0

C3 R250	C15 R226	C25 R202	C55 R122	C25 R201	C30 R189
M3 G247	M0 G236	M0 G229	M15 G179	M25 G190	M40 G159
Y10 B235	Y40 B175	Y25 B205	Y30 B180	Y25 B184	Y40 B144
K0	K0	K0	K0	K0	K0

C8 R238	C5 R244	C10 R235	C30 R191	C40 R163	C40 R158
M10 G231	M10 G232	M10 G227	M20 G193	M12 G199	M40 G142
Y10 B227	Y20 B209	Y30 B189	Y40 B160	Y12 B216	Y50 B119
K0	K0	K0	K0	K0	K10

C4 R238	C8 R238	C20 R211	C10 R234	C30 R186	C32 R184
M0 G243	M8 G235	M15 G212	M0 G246	M0 G227	M12 G206
Y0 B245	Y8 B233	Y15 B211	Y0 B253	Y0 B249	Y15 B212
K6	K0	K0	K0	K0	K0

C0 R255	C0 R255	C10 R234	C30 R189	C50 R133	C60 R105
M0 G254	M10 G233	M0 G246	M10 G211	M10 G192	M20 G169
Y8 B242	Y40 B169	Y0 B253	Y15 B214	Y10 B219	Y15 B199
K0	K0	K0	K0	K0	K0

C8 R240	C15 R224	C20 R213	C40 R164	C30 R186	C60 R97
M0 G247	M0 G241	M0 G235	M0 G214	M0 G227	M10 G183
Y10 B237	Y5 B244	Y12 B231	Y30 B193	Y0 B249	Y10 B217
K0	K0	K0	K0	K0	K0

C5 R246	C13 R230	C18 R216	C24 R202	C36 R173	C42 R158
M0 G249	M0 G239	M4 G233	M14 G211	M12 G203	M18 G189
Y15 B228	Y32 B193	Y0 B248	Y5 B228	Y10 B220	Y5 B221
K0	K0	K0	K0	K0	K30

C0 R253	C0 R249	C20 R209	C18 R215	C35 R174	C45 R149
M8 G242	M25 G210	M30 G186	M9 G225	M5 G215	M15 G190
Y2 B245	Y10 B212	Y0 B218	Y0 B243	Y0 B243	Y5 B223
K0	K0	K0	K0	K0	K0

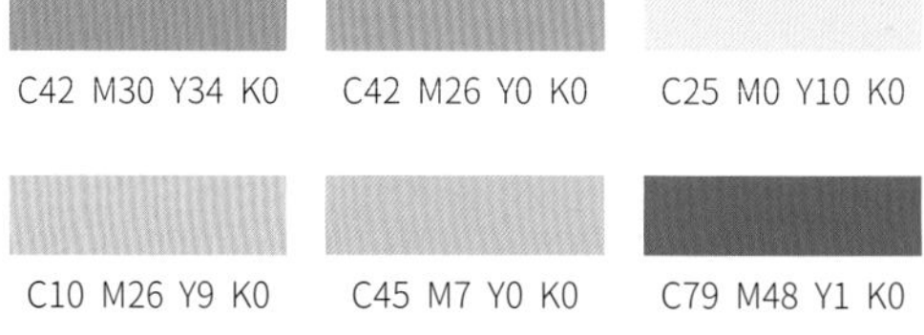

《清酒冒险》插画

设计师把清酒的酿造过程诠释为一场冒险，而酿酒者正在探索像酒瓶一样的地球。视觉形象通过清凉洁净的色彩和手绘风格打破了日本清酒的传统印象，不仅是中老年的清酒爱好者，许多二三十岁的年轻人也受到吸引，前往了解当前的清酒产业。

设计：Miharu Matsunaga, Sakura Yamaguchi

隊長！
です！！！
日本酒，発見！
日本酒は，夢とロマンと
でできている．
絶品
デリシャス
ちょっとの勇気

日本酒造りは，冒険だ。
ニッポンのさけまつり
2018 in MACHIDA
SAKE
ADVEN
TURE

C30 M0 Y6 K0　C0 M18 Y14 K0　C9 M9 Y46 K0

C0 M40 Y25 K0　C0 M15 Y25 K0　C18 M0 Y43 K0

SOI 雪糕店

SOI 是一家软雪糕店，品牌概念源自越南小贩厨房拖车“Nem N' Nem”，设计师采用轻盈软绵的色彩创造出一个有趣、清透、悠闲、美味的视觉印象。

设计：Vian Risanto, Adela Saputra

SO1
SOFT
SO
GOOD
SO
FLUFFY
SO1

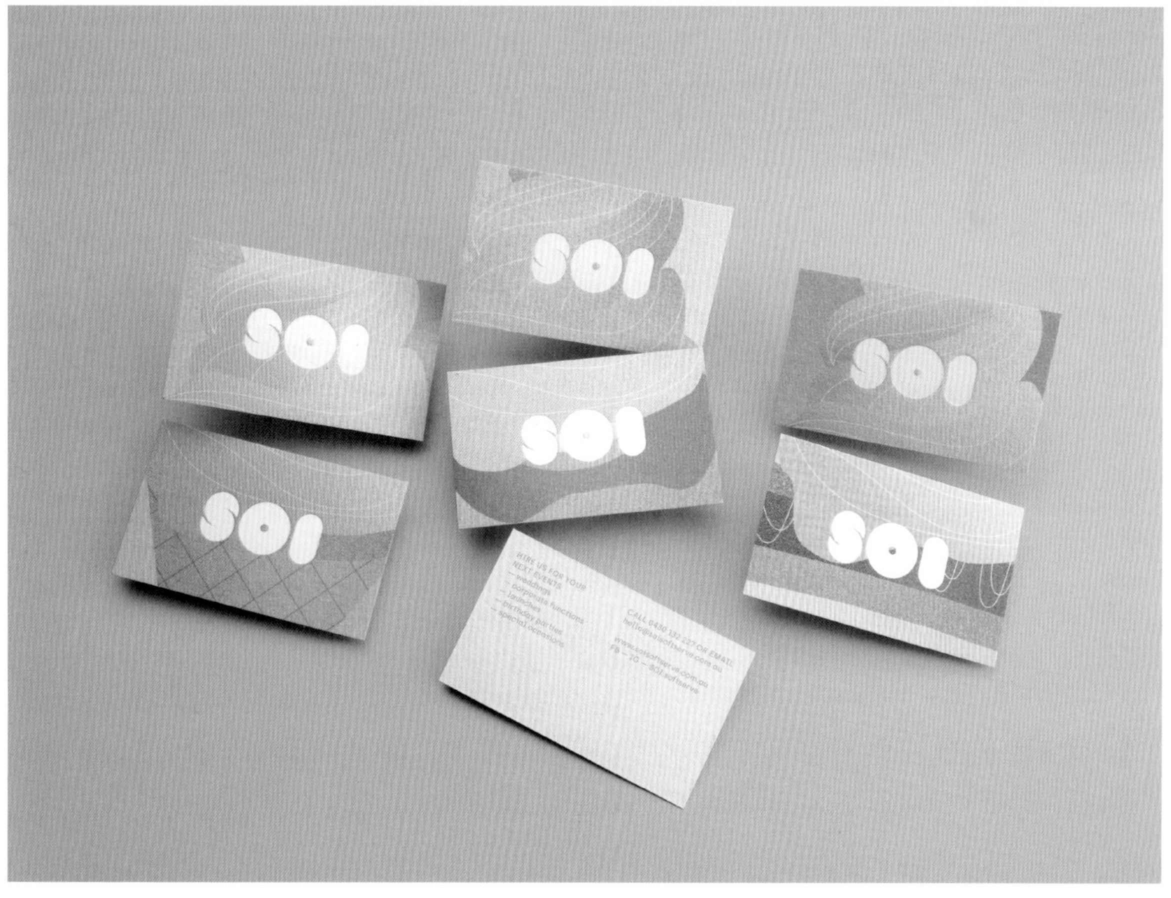
SO1
HIRE US FOR YOUR
NEXT EVENTS
— weddings
— corporate functions
— launches
— birthday parties
— special occasions

甜美粉嫩

甜美粉嫩的色彩调性主要通过高明度、低纯度的不同色相进行组合搭配，以暖色调为主。

可爱 · 俏皮 · 童真 · 娇柔 · 温和 · 稚趣 · 唯美 · 甜蜜 · 温馨

C0 R250	C0 R244	C0 R247	C0 R255	C0 R249	C0 R255
M20 G219	M40 G179	M30 G201	M6 G244	M25 G208	M10 G232
Y8 B221	Y10 B194	Y0 B221	Y16 B221	Y25 B186	Y50 B147
K0	K0	K0	K0	K0	K0

C0 R249	C10 R217	C45 R148	C10 R238	C0 R251	C30 R188
M25 G210	M30 G238	M0 G209	M24 G239	M24 G206	M30 G179
Y8 B215	Y8 B235	Y25 B202	Y50 B153	Y50 B137	Y5 B209
K0	K0	K0	K0	K0	K0

C0 R251	C0 R241	C0 R255	C0 R248	C40 R161	C40 R163
M18 G224	M50 G158	M0 G247	M35 G184	M0 G216	M20 G188
Y0 B236	Y0 B194	Y50 B153	Y70 B86	Y10 B230	Y0 B226
K0	K0	K0	K0	K0	K0

C0 R249	C0 R246	C0 R253	C25 R200	C20 R211	C5 R235
M25 G208	M35 G189	M10 G238	M30 G182	M28 G187	M45 G164
Y25 B186	Y15 B192	Y8 B232	Y35 B187	Y35 B158	Y29 B158
K0	K0	K0	K0	K0	K0

C0 R253	C0 R255	C0 R248	C0 R236	C0 R232	C60 R97
M10 G237	M10 G229	M30 G198	M70 G109	M85 G69	M0 G193
Y15 B219	Y70 B95	Y20 B189	Y30 B129	Y40 B102	Y30 B190
K0	K0	K0	K0	K0	K0

C0 R252	C0 R253	C0 R250	C10 R228	C3 R252	C4 R232
M12 G235	M12 G234	M22 G217	M38 G177	M0 G248	M60 G132
Y0 B243	Y10 B226	Y0 B231	Y10 B195	Y31 B196	Y15 B161
K0	K0	K0	K0	K0	K0

C0 R255	C0 R254	C0 R243	C5 R248	C0 R248	C8 R235
M0 G253	M14 G225	M45 G169	M0 G243	M26 G209	M20 G214
Y15 B229	Y44 B158	Y0 B201	Y50 B153	Y0 B226	Y0 B232
K0	K0	K0	K0	K0	K0

C2 R247	C2 R240	C2 R237	C2 R252	C4 R249	C4 R240
M22 G215	M44 G170	M55 G145	M4 G245	M6 G236	M33 G191
Y4 B225	Y4 B197	Y4 B182	Y22 B212	Y44 B163	Y10 B202
K0	K0	K0	K0	K0	K0

C5 R246	C13 R230	C18 R216	C6 R242	C11 R224	C4 R241
M0 G249	M0 G239	M4 G233	M14 G222	M46 G159	M27 G204
Y15 B228	Y32 B193	Y0 B248	Y38 B170	Y29 B157	Y5 B217
K0	K0	K0	K0	K0	K0

C0 R252	C0 R247	C20 R209	C18 R216	C35 R180	C7 R229
M12 G235	M30 G200	M30 G186	M5 G232	M5 G209	M51 G152
Y2 B240	Y10 B206	Y0 B218	Y0 B247	Y52 B145	Y5 B186
K0	K0	K0	K0	K0	K0

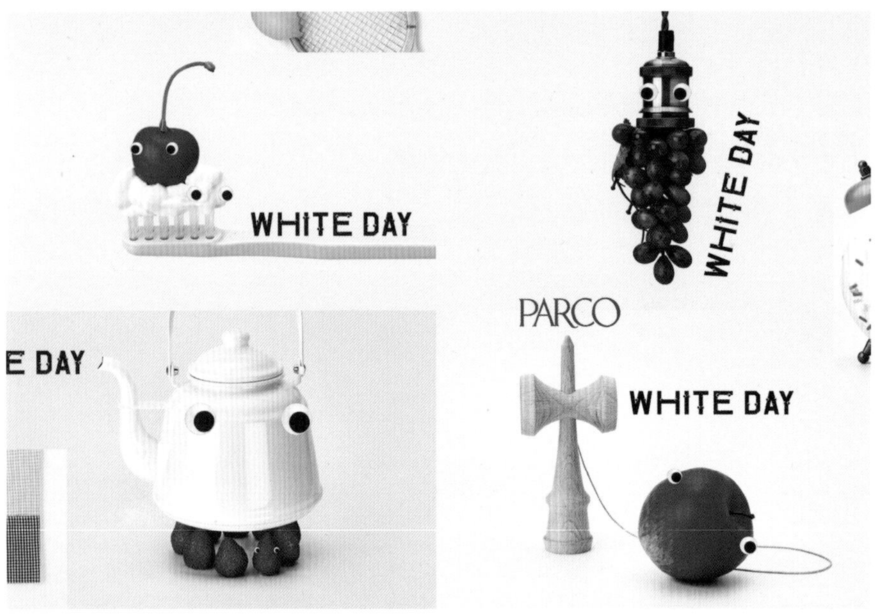

C2 M30 Y8 K0

C3 M47 Y6 K0

C1 M16 Y9 K0

C20 M0 Y6 K0

C35 M2 Y14 K0

情人节与白色情人节

在情人节和白色情人节，一切都是甜美的。为了在视觉上呈现这种感觉，设计师将甜食和女性物品作为平面元素，以粉嫩色调为主色，给时尚百货公司 Parco 设计了这组广告。

设计：石黑笃史，Yumi Idei

見え方
変わる
バレンタイン
PARCO

PARCO

2.14
PARCO

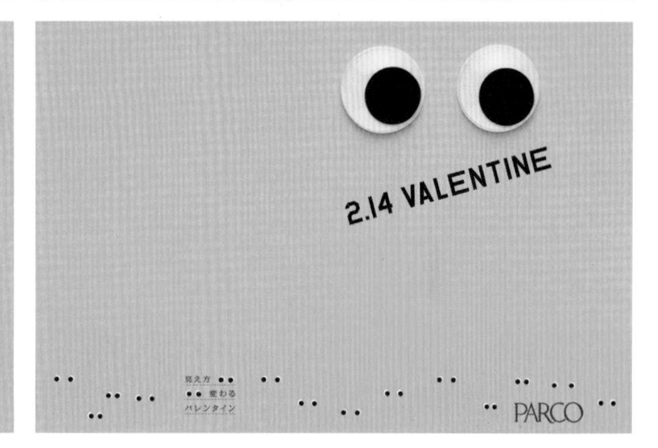
2.14 VALENTINE
見え方
変わる
バレンタイン
PARCO

PARCO
VALENTINE

PARCO
VALENTINE
見え方
変わる
バレンタイン

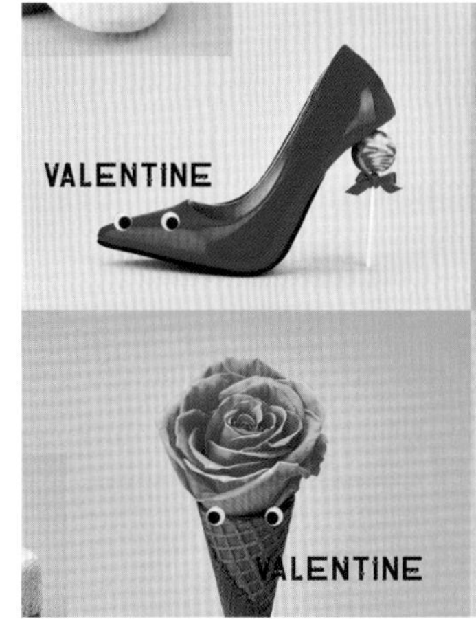
VALENTINE
VALENTINE

VALENTINE

C0 M3 Y1 K0　C2 M20 Y7 K0　C0 M25 Y20 K0

New Micro Essence Presskit 护肤品

雅诗兰黛的樱花微精华原生液促销套装。这一包装的灵感来源于韩国樱花节。

设计团队选择用温柔甜美的粉色系来传达春天的温暖，团队的共同想法是色调不要太过明艳。同时用金色作为点缀，塑造品牌的奢华感。

设计 : eo Yeon Lim, Somi Lee, Min Ji Kimi

芬芳惬意

芬芳惬意的色彩调性主要通过中明度、低纯度的不同色相进行组合搭配为主，呈现灰调美！

温柔 · 亲切 · 安逸 · 悠然 · 舒服 · 平和 · 温柔 · 优雅 · 婉约 · 和顺 · 文静 · 大方

C5 R230	C30 R186	C53 R137	C45 R159	C40 R170	C70 R98
M65 G120	M70 G101	M60 G110	M50 G130	M0 G207	M50 G117
Y35 B128	Y15 B148	Y0 B175	Y85 B63	Y80 B82	Y100 B52
K0	K0	K0	K0	K0	K0

C10 R239	C0 R246	C0 R239	C5 R230	C40 R166	C50 R147
M0 G236	M36 G184	M60 G133	M65 G120	M55 G126	M50 G129
Y70 B100	Y42 B144	Y50 B109	Y35 B128	Y0 B183	Y60 B104
K0	K0	K0	K0	K0	K0

C10 R235	C10 R239	C40 R170	C50 R145	C50 R147	C50 R148
M10 G227	M0 G237	M0 G207	M60 G113	M60 G112	M80 G76
Y30 B189	Y60 B128	Y80 B82	Y20 B152	Y50 B113	Y50 B99
K0	K0	K0	K0	K0	K0

C12 R227	C30 R187	C55 R131	C0 R247	C20 R204	C30 R186
M20 G211	M28 G183	M30 G155	M30 G200	M70 G104	M70 G101
Y0 B231	Y0 B218	Y65 B107	Y10 B206	Y30 B130	Y40 B117
K0	K0	K0	K0	K0	K0

C10 R238	C0 R245	C10 R225	C60 R122	C65 R109	C75 R86
M5 G230	M40 G177	M45 G163	M40 G137	M60 G106	M75 G76
Y60 B126	Y35 B153	Y0 B199	Y85 B71	Y15 B158	Y20 B134
K0	K0	K0	K0	K0	K5

C4 R241	C5 R244	C8 R237	C15 R221	C0 R249	C20 R209
M4 G240	M8 G237	M15 G221	M30 G188	M30 G193	M50 G144
Y4 B239	Y8 B233	Y20 B204	Y30 B171	Y75 B75	Y70 B83
K4	K0	K0	K0	K0	K0

C5 R245	C8 R236	C15 R220	C20 R207	C55 R116	C30 R189
M5 G242	M20 G212	M35 G177	M50 G146	M0 G198	M35 G169
Y8 B236	Y20 B199	Y40 B148	Y40 B135	Y30 B190	Y20 B181
K0	K0	K0	K0	K0	K0

C5 R238	C10 R234	C15 R221	C0 R249	C50 R145	C85 R36
M2 G241	M20 G207	M30 G188	M30 G193	M30 G159	M55 G90
Y3 B241	Y50 B140	Y30 B171	Y75 B75	Y65 B107	Y60 B90
K5	K0	K0	K0	K0	K20

C10 R235	C15 R223	C0 R249	C8 R225	C15 R221	C70 R72
M0 G246	M10 G226	M30 G193	M65 G118	M30 G188	M70 G61
Y5 B245	Y5 B234	Y75 B75	Y60 B90	Y30 B171	Y70 B56
K0	K0	K0	K0	K0	K40

C8 R237	C30 R189	C50 R140	C45 R159	C25 R198	C25 R201
M15 G221	M10 G211	M20 G176	M40 G147	M50 G144	M20 G199
Y20 B204	Y20 B205	Y35 B168	Y80 B75	Y25 B158	Y20 B197
K0	K0	K0	K0	K0	K0

C8 M40 Y30 K0　C75 M55 Y60 K40

嫦月 ROCCA 中秋礼盒

客户要求以环保为前提，减少印刷造成的环境污染。设计团队选用可再利用的纸张和木材来进行设计。配色选用墨绿色和红粉棕色搭配，创造出优雅大方、惬意的色彩调性。并以此表达中西方在视觉与味觉上的联结，以及营造出新旧共融的概念。

设计：WWAVE Design

lune de cháng
moon
sablée
嫦月
The Chinese Infusion
A Unique Indulgence
lune de cháng
moon
sablée
嫦月
lune de cháng
moon
sablée
嫦月

C30 M23 Y22 K0　C33 M19 Y23 K0　C25 M18 Y17 K0　C26 M28 Y30 K0

Agaché 护肤品牌

Agaché，由资深皮肤科医生研发的高品质护肤品牌，其目标群体是忙碌且积极生活的职场女性。公司以自然美为核心，一直强调内在美、内在的纯粹与光彩，并由内而外地展现这种美。设计师以“泥土色调”的色彩，分别代表地球、天然植物、海水、空气，再将它们各自应用到一款产品上。并在视觉上构建出自然、高级、惬意的色彩印象。

设计：Antonio Stojceski

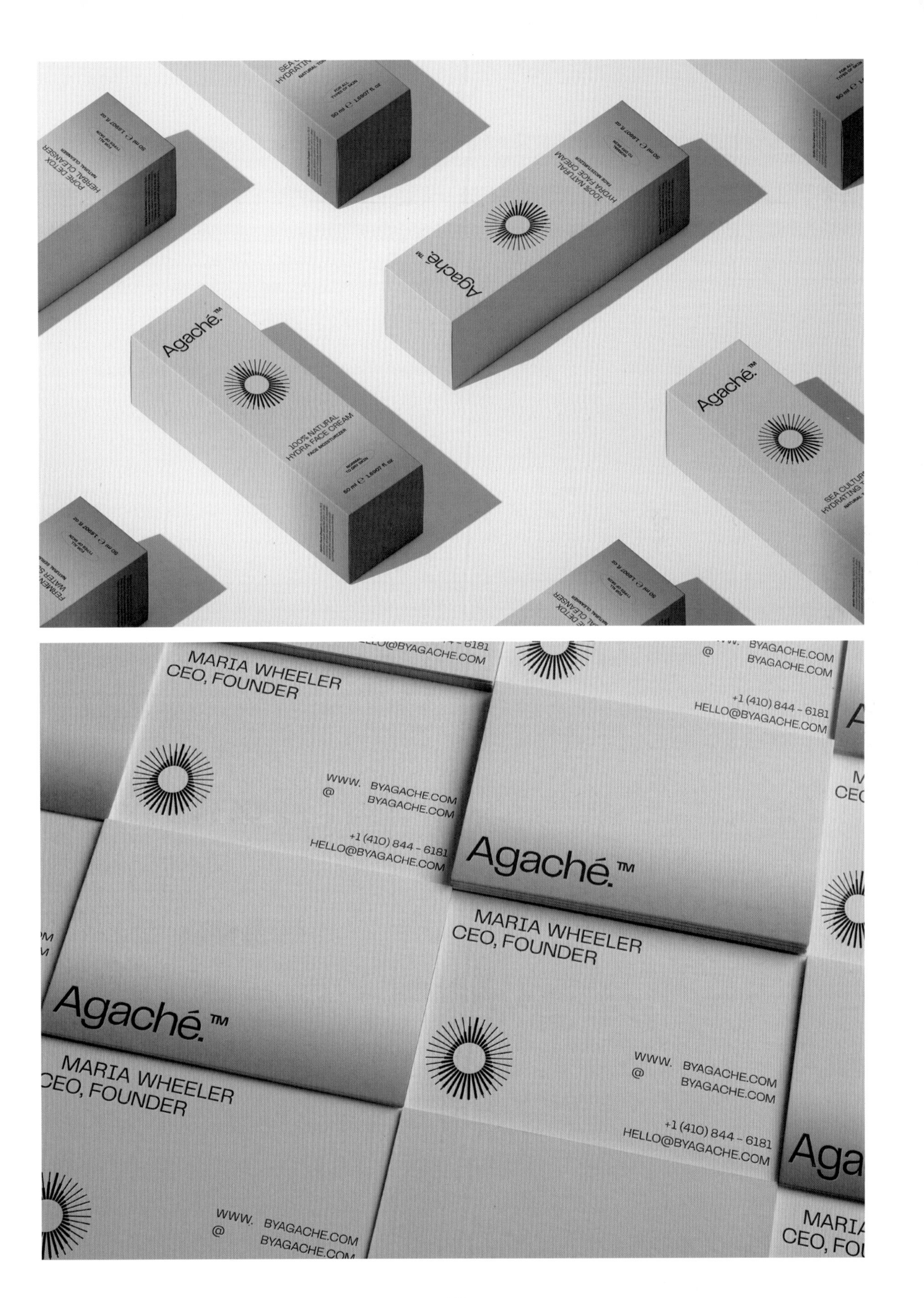
Agaché.™
100% NATURAL
HYDRA FACE CREAM
FACE MOISTURIZER
PORE DETOX
HERBAL CLEANSER
MARIA WHEELER
CEO, FOUNDER
WWW. BYAGACHE.COM
@ BYAGACHE.COM
+1 (410) 844 - 6181
HELLO@BYAGACHE.COM

热情饱满

热情饱满的色彩调性主要通过高明度、高纯度的不同色相进行组合搭配。

生动 · 明朗 · 快活 · 怡悦 · 鲜活 · 充盈 · 奔放 · 兴奋 · 热烈 · 激动 · 澎湃

C0 R234 M80 G84 Y55 B87 K0	C0 R230 M100 G0 Y100 B18 K0	C40 R147 M80 G67 Y100 B29 K20	C0 R255 M15 G218 Y90 B1 K0	C60 R111 M0 G186 Y100 B44 K0	C50 R58 M0 G88 Y100 B0 K70
C0 R255 M0 G241 Y100 B0 K0	C0 R250 M30 G190 Y100 B0 K0	C0 R243 M50 G152 Y95 B0 K0	C0 R242 M50 G156 Y25 B159 K0	C0 R233 M85 G71 Y75 B56 K0	C0 R230 M100 G0 Y75 B51 K0
C0 R255 M10 G228 Y75 B80 K0	C0 R247 M40 G171 Y100 B0 K0	C0 R237 M70 G109 Y80 B52 K0	C0 R232 M90 G56 Y80 B47 K0	C10 R187 M100 G1 Y75 B44 K20	C0 R85 M75 G15 Y50 B18 K80
C0 R255 M10 G227 Y85 B41 K0	C88 R0 M0 G167 Y30 B186 K0	C70 R69 M0 G176 Y100 B53 K0	C0 R233 M85 G71 Y100 B9 K0	C20 R188 M100 G18 Y100 B26 K10	C0 R145 M100 G0 Y50 B44 K50
C15 R228 M0 G232 Y65 B115 K0	C0 R246 M42 G168 Y95 B0 K0	C0 R235 M70 G109 Y20 B142 K0	C10 R229 M30 G193 Y5 B213 K0	C0 R232 M80 G82 Y0 B152 K0	C0 R199 M100 G0 Y50 B68 K20
C0 R253 M20 G209 Y95 B0 K0	C0 R241 M55 G142 Y90 B29 K0	C0 R237 M70 G108 Y100 B0 K0	C90 R0 M0 G175 Y10 B221 K0	C55 R137 M80 G75 Y30 B122 K0	C4 R245 M2 G247 Y2 B248 K2
C0 R253 M20 G210 Y85 B43 K0	C0 R242 M50 G155 Y34 B145 K0	C0 R233 M80 G83 Y20 B131 K0	C75 R0 M0 G178 Y30 B188 K0	C50 R126 M0 G206 Y0 B244 K0	C66 R57 M0 G183 Y15 B209 K0
C2 R235 M2 G235 Y2 B235 K0	C0 R255 M0 G243 Y80 B63 K0	C0 R255 M15 G217 Y100 B0 K0	C0 R237 M70 G108 Y100 B0 K0	C0 R240 M55 G145 Y20 B160 K0	C0 R231 M95 G36 Y100 B16 K0
C55 R107 M0 G200 Y0 B242 K0	C8 R225 M60 G131 Y0 B179 K0	C0 R255 M10 G232 Y50 B147 K0	C0 R247 M40 G171 Y100 B0 K0	C70 R97 M65 G94 Y0 B168 K0	C0 R234 M80 G85 Y100 B4 K0
C0 R255 M10 G229 Y70 B95 K0	C0 R255 M0 G241 Y100 B0 K0	C0 R234 M80 G85 Y100 B4 K0	C0 R231 M88 G59 Y40 B100 K0	C60 R123 M70 G89 Y0 B163 K0	C98 R35 M100 G32 Y0 B136 K0

C5 M5 Y75 K0　C0 M23 Y25 K0　C15 M88 Y60 K0　C40 M2 Y12 K0　C50 M0 Y37 K0

Matstreif 美食节

Matstreif 是挪威奥斯陆当地的美食节。为了吸引更多人参加这个活动，设计师创造出一套幽默和有活力的字体以及平面形象，并运用充满热情、快乐的色彩进行搭配。

设计：Nicklas Haslestad, Vetle Majgren Uthaug

VIN
ØL
VALGFRI
MMMMATSTREIF
MAT
DRIKKE
ØL
DRIKKE

MATSTREIF
06.–07. SEPTEMBER
FREDAG 11–19 LØRDAG 10–19
MATSTREIF
06.–07. SEPTEMBER
FREDAG 11–19 LØRDAG 10–19
MATSTREIF

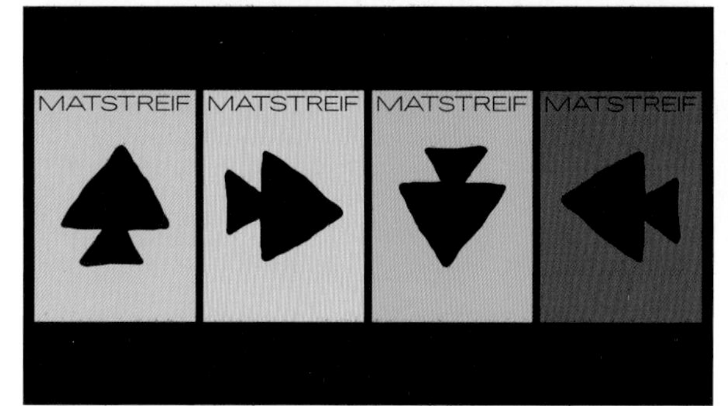

MATSTREIF
MATSTREIF
MATSTREIF
MATSTREIF

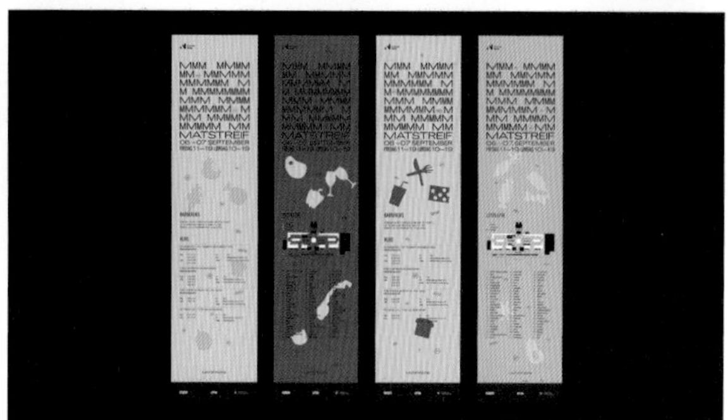

SMAKSKURS OST OG SJOKOLADE
DEN PERFEKTE SKOLESALATEN
NORDIC BAKERY & PASTRY CUP
NM I OST 2019
ENERGIDRIKK EN FARGERIK ENERGIBOMBE
DEN BESTE GRØTEN DU HAR SPIST

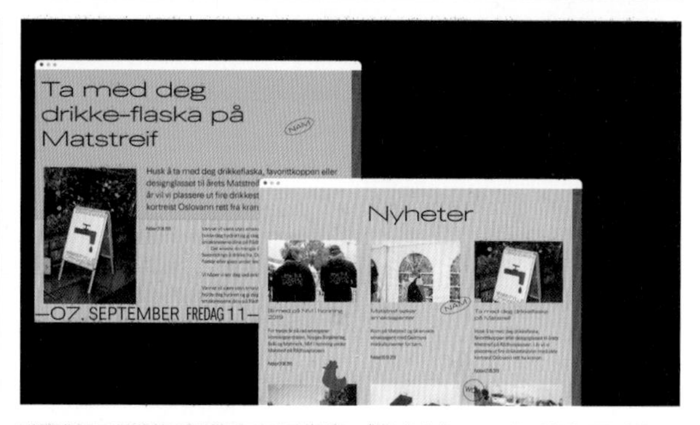

Ta med deg drikke-flaska på Matstreif
Nyheter
–07. SEPTEMBER FREDAG 11–

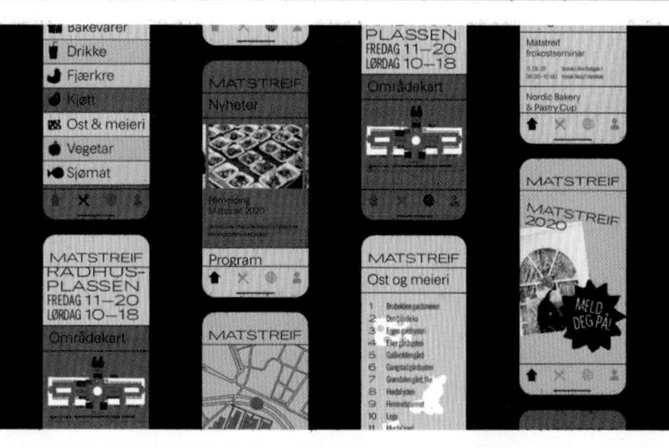

Drikke
Fjærkre
Kjøtt
Ost & meieri
Vegetar
Sjømat
MATSTREIF
Nyheter
PLASSEN
FREDAG 11–20
LØRDAG 10–18
Områdekart
MATSTREIF
RÅDHUS-PLASSEN
FREDAG 11–20
LØRDAG 10–18
Områdekart
Program
MATSTREIF
Ost og meieri
MATSTREIF
MATSTREIF 2020
MELD DEG PÅ!

MATSTREIF
WC
IKKE KOBLE NOE TIL ELLER FRA STRØMSKAPET
FRYSEVAR
WC HANDICAP

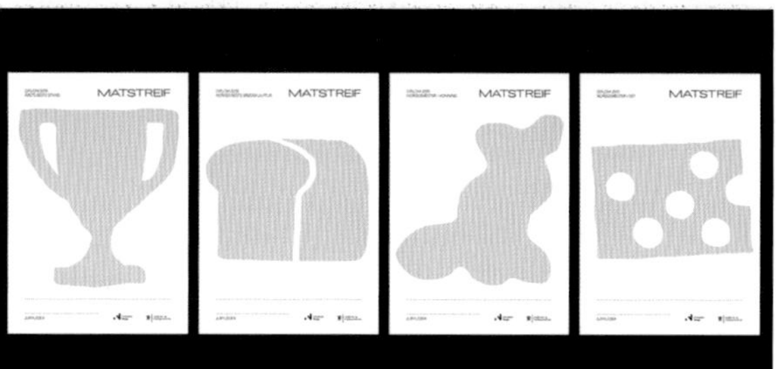

MATSTREIF
MATSTREIF
MATSTREIF
MATSTREIF

MATSTREIF
MATSTREIF
Kneaded (100)
Proofed (450)
Baked (900)
Variable (124)
Variable (192)
Variable (261)
Variable (368)
Variable (496)
Variable (626)
Fløtekarameller
Handlaga lefser
Kremmerhus
Grove flatbrød
Rørosdrops

Kumiko 居酒屋宣传海报

这个系列海报主要用于线上多媒体宣传使用，不需要印刷。设计师没有使用传统的图片元素，而是使用大胆、热烈、刺激的颜色。在社交媒体的大量信息中，这些饱满大色块的可识别性非常高，具有爆炸性的视觉效果。

设计：Lucile Martin, Julien Pik

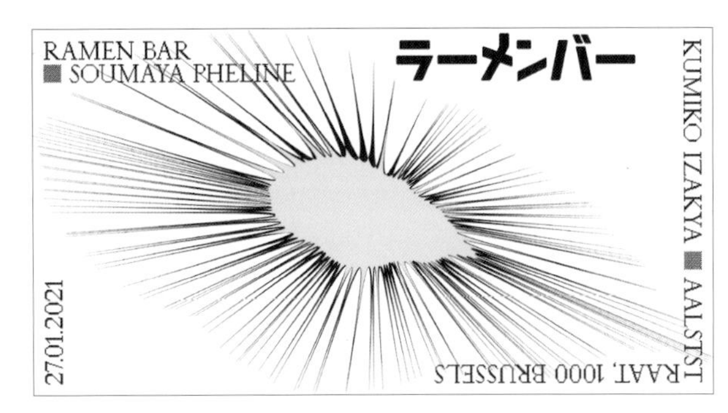
RAMEN BAR
■ SOUMAYA PHELINE
ラーメンバー
KUMIKO IZAKYA ■ AALSTST
RAAT, 1000 BRUSSELS
27.01.2021

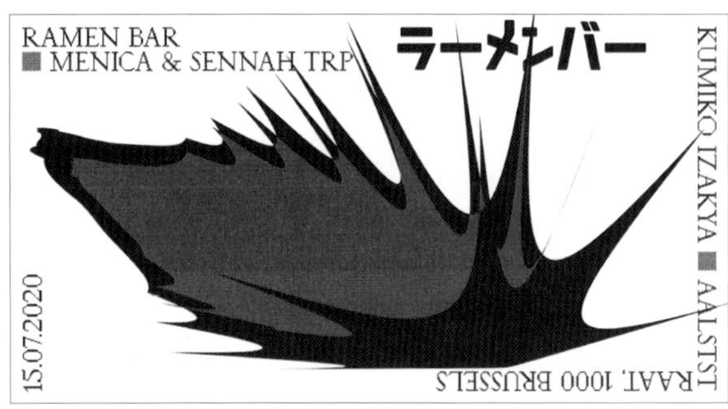
RAMEN BAR
■ MENICA & SENNAH TRP
ラーメンバー
KUMIKO IZAKYA ■ AALSTST
RAAT, 1000 BRUSSELS
15.07.2020

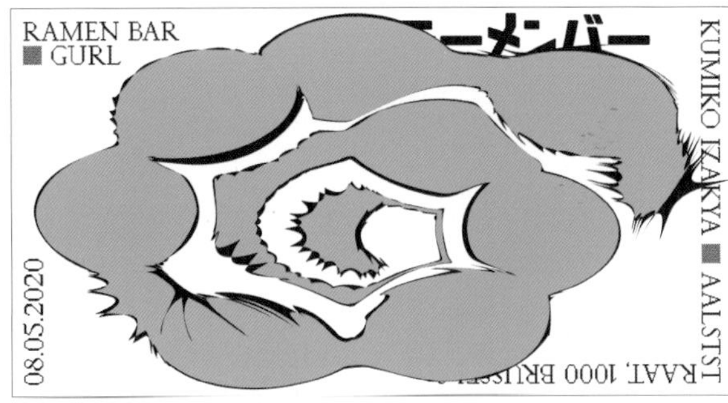
RAMEN BAR
■ GURL
KUMIKO IZAKYA ■ AALSTST
08.05.2020

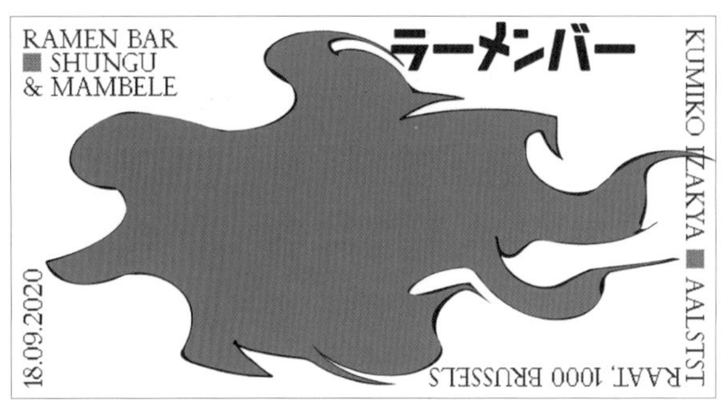
RAMEN BAR
■ SHUNGU
& MAMBELE
ラーメンバー
KUMIKO IZAKYA ■ AALSTST
RAAT, 1000 BRUSSELS
18.09.2020

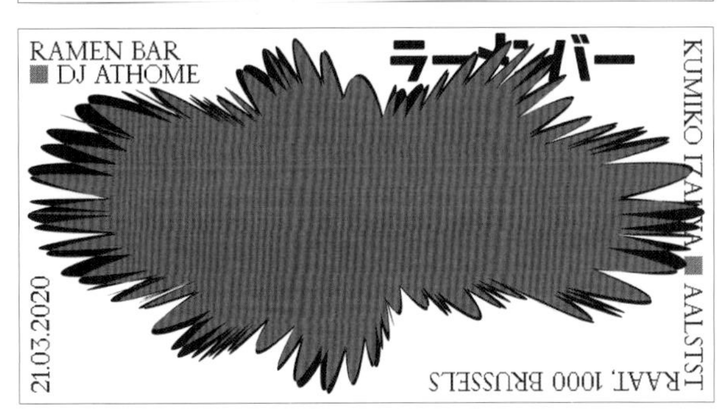
RAMEN BAR
■ DJ ATHOME
RAAT, 1000 BRUSSELS
21.03.2020

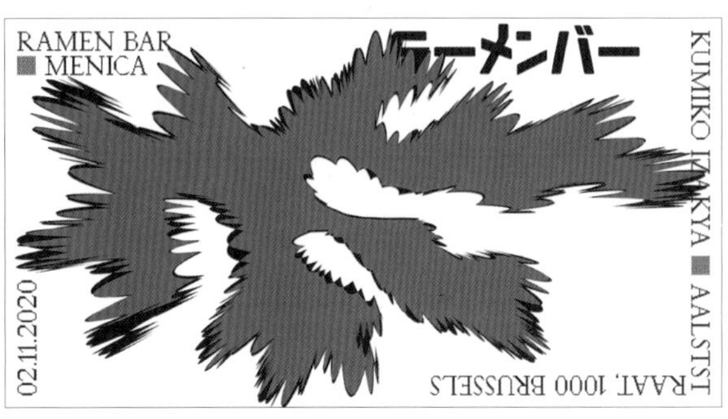
RAMEN BAR
■ MENICA
RAAT, 1000 BRUSSELS
02.11.2020

KUMIKO BACKYARD OPEN AIR
KUMIKO BACKYARD OPEN AIR
■ SERATE W/ BRASSAC & ALBEE
KUMIKO IZAKYA ■ AALSTST
RAAT, 1000 BRUSSELS
15.04.2020
25.02.2021
05.08.2020
18.10.2020
13.05.2020
10.11.2020

奇幻灵动

奇幻灵动的色彩调性主要通过不同色相、明度、纯度的色彩进行自由组合搭配，色彩搭配比例以厚重为主调。

清爽 · 明快 · 水灵 · 明净 · 透亮 · 舒爽 · 繁丽 · 谐美 · 鲜艳 · 明媚 · 桀骜

C	M	Y	K	R	G	B
C60	M0	Y0	K0	R84	G195	B241
C0	M80	Y0	K0	R232	G82	B152
C0	M100	Y90	K0	R230	G0	B32
C0	M60	Y100	K0	R240	G131	B0
C0	M0	Y100	K0	R255	G241	B0
C45	M0	Y25	K0	R148	G209	B202
C45	M0	Y15	K0	R146	G210	B220
C0	M20	Y0	K0	R250	G220	B233
C70	M75	Y0	K0	R101	G77	B157
C0	M40	Y80	K0	R246	G173	B60
C0	M60	Y100	K0	R240	G131	B0
C6	M48	Y0	K0	R232	G159	B196
C10	M45	Y0	K0	R225	G163	B199
C0	M80	Y0	K0	R232	G82	B152
C55	M100	Y25	K0	R138	G26	B112
C50	M100	Y95	K25	R124	G25	B34
C30	M0	Y50	K0	R192	G221	B152
C80	M0	Y50	K0	R0	G172	B151
C55	M0	Y25	K0	R115	G198	B200
C80	M15	Y10	K0	R0	G159	B208
C25	M0	Y100	K0	R207	G219	B0
C0	M30	Y90	K0	R250	G191	B19
C0	M63	Y90	K0	R239	G124	B31
C0	M85	Y60	K0	R233	G71	B77
C0	M55	Y0	K0	R239	G147	B187
C60	M60	Y0	K0	R121	G107	B175
C100	M95	Y30	K0	R25	G47	B114
C15	M0	Y85	K0	R229	G230	B52
C30	M0	Y90	K0	R195	G216	B45
C0	M65	Y55	K0	R238	G121	B97
C5	M5	Y18	K0	R246	G241	B218
C5	M15	Y18	K0	R243	G224	B208
C55	M0	Y22	K0	R114	G199	B205
C0	M25	Y95	K0	R252	G200	B0
C5	M100	Y70	K0	R223	G0	B58
C80	M20	Y45	K0	R0	G151	B148
C0	M10	Y10	K0	R253	G237	B228
C25	M0	Y10	K0	R200	G231	B233
C0	M20	Y80	K0	R253	G210	B62
C50	M0	Y20	K0	R131	G204	B210
C90	M0	Y70	K0	R0	G162	B115
C0	M80	Y60	K0	R57	G183	B209
C0	M0	Y50	K0	R255	G247	B153
C0	M10	Y95	K0	R255	G226	B0
C0	M25	Y65	K0	R251	G203	B103
C0	M58	Y75	K0	R240	G136	B66
C20	M0	Y25	K0	R214	G234	B206
C50	M45	Y0	K0	R142	G139	B194
C20	M0	Y20	K0	R213	G234	B216
C0	M50	Y85	K0	R243	G152	B45
C0	M30	Y15	K0	R247	G199	B198
C50	M0	Y25	K0	R132	G204	B201
C80	M20	Y45	K0	R0	G151	B148
C75	M65	Y25	K0	R84	G94	B141
C0	M55	Y75	K0	R241	G142	B67
C0	M80	Y95	K0	R234	G85	B20
C10	M85	Y50	K0	R218	G70	B91
C25	M0	Y10	K0	R200	G231	B233
C50	M0	Y25	K0	R132	G204	B201
C60	M0	Y22	K0	R94	G194	B204

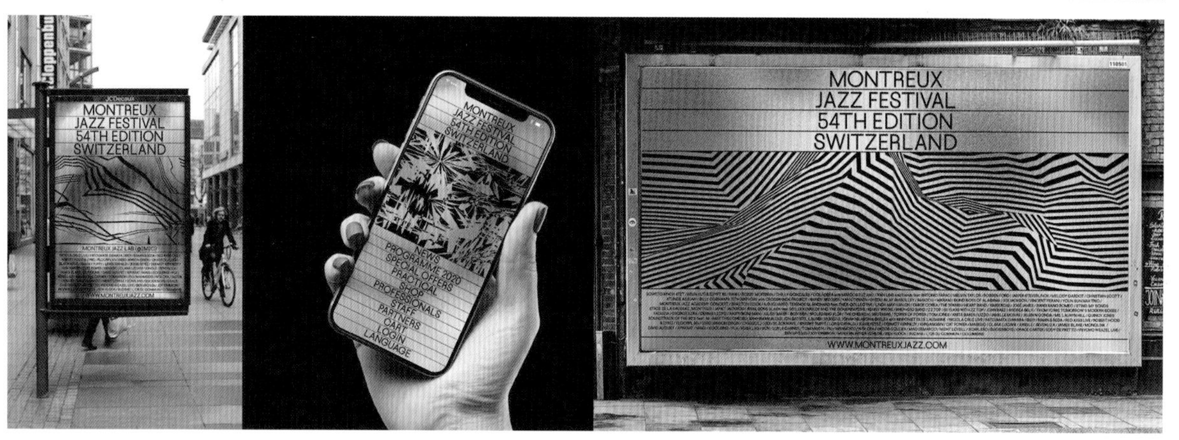

C0 M5 Y85 K0　C70 M15 Y25 K0　C20 M100 Y70 K0

C70 M10 Y80 K0　C50 M85 Y25 K0

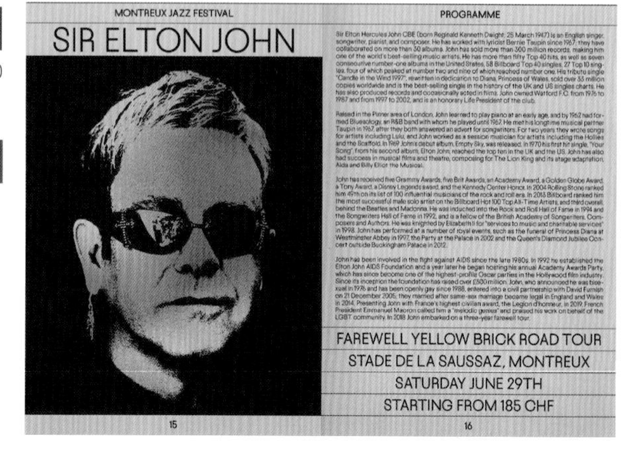

蒙特勒爵士音乐节

蒙特勒爵士音乐节的宣传视觉。设计师在研究了音乐节中爵士乐的灵动和奇妙之后，选用了一组非常酷炫的色彩来表现爵士音乐的感觉，同时也吸引了听众的关注。

设计：Daytona Mess, Anne-Dauphine Borione

http://www.jiichiro.com
レモンの
サマースイーツ 2018
治一郎

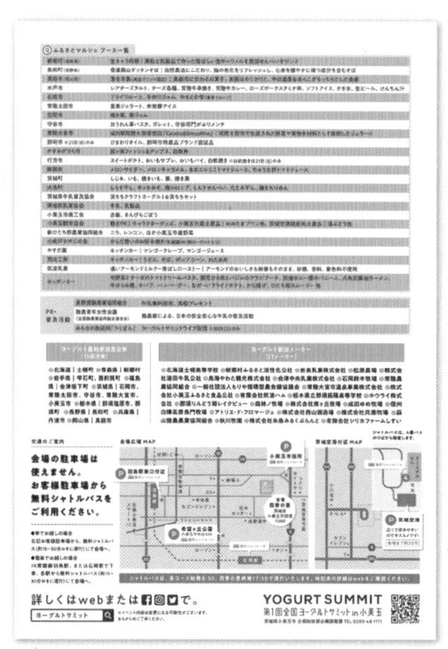

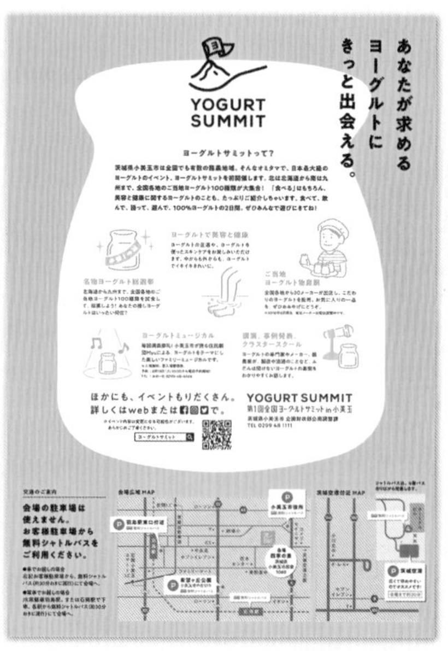

C55 M5 Y85 K0　　C0 M20 Y90 K0

第一届全国酸奶峰会

日本小美玉市举办了第一届全国酸奶峰会。这里生产出来的酸奶以天然、无公害著称。设计团队在设计这一系列宣传物料的时候，为了表现出自然、有机、环保的印象，在色彩的应用上选用了黄、绿色搭配为主调。

设计 : Ryotaro Sasame
Satomi Sukegawa
Hiroyuki Tachihara
Yoko Tachihara
Yukiko Inage

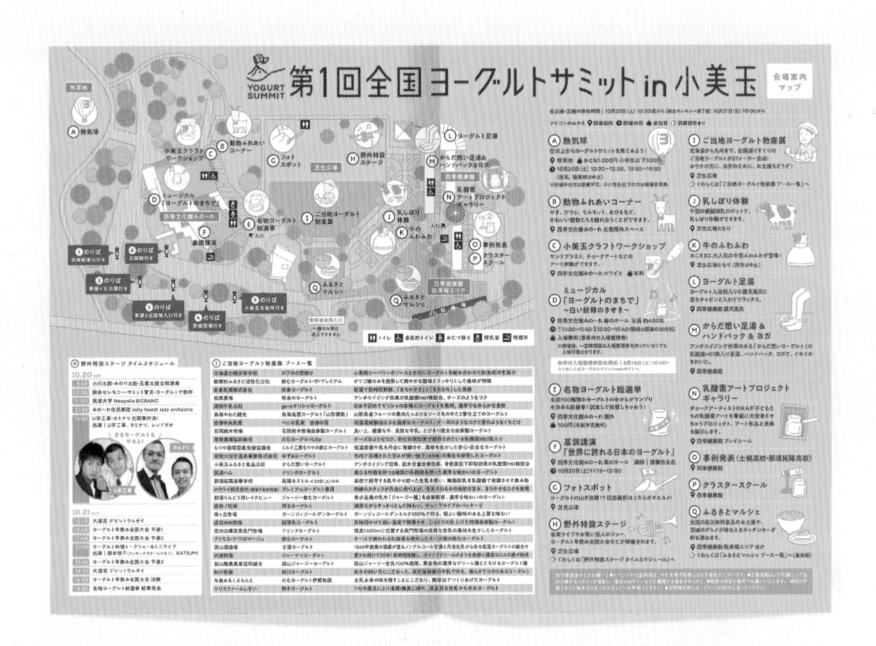

YOGURT SUMMIT
第1回全国ヨーグルトサミットin小美玉
会場案内マップ
熱気球
動物ふれあいコーナー
小美玉クラフトワークショップ
ミュージカル「ヨーグルトのまちで」〜白い妖精のささやき〜
名物ヨーグルト総選挙
基調講演「世界に誇れる日本のヨーグルト」
フォトスポット
野外特設ステージ
ご当地ヨーグルト物産展
乳しぼり体験
牛のふわふわ
ヨーグルト足湯
からだ想い足湯&ハンドパック&ヨガ
乳酸菌アートプロジェクトギャラリー
事例発表
クラスタースクール
ふるさとマルシェ

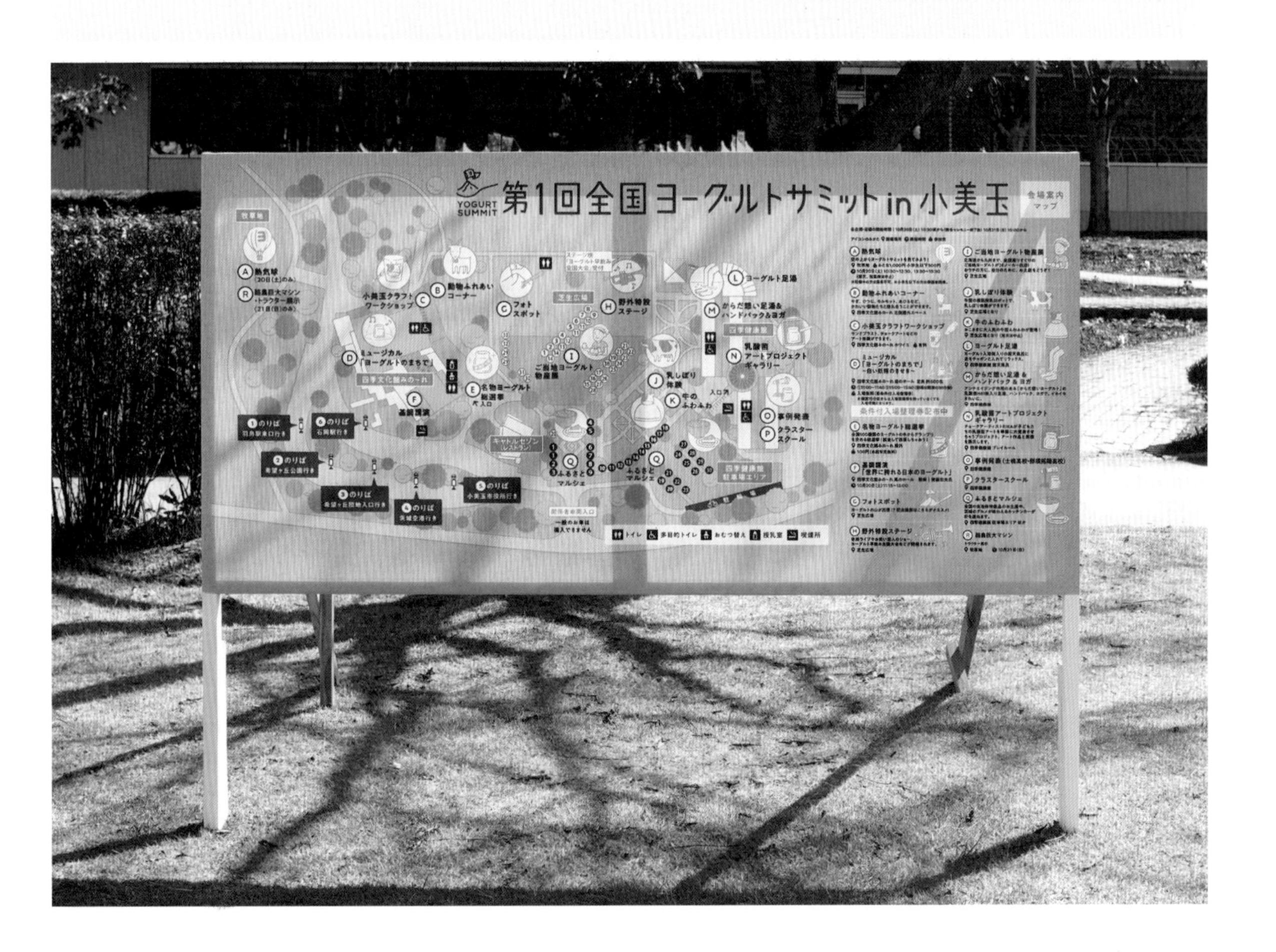

YOGURT SUMMIT
第1回全国ヨーグルトサミットin小美玉
会場案内マップ
熱気球
動物ふれあいコーナー
小美玉クラフトワークショップ
フォトスポット
野外特設ステージ
ミュージカル「ヨーグルトのまちで」
ご当地ヨーグルト物産展
名物ヨーグルト総選挙
基調講演
乳しぼり体験
牛のふわふわ
ヨーグルト足湯
からだ想い足湯&ハンドパック&ヨガ
乳酸菌アートプロジェクトギャラリー
事例発表
クラスタースクール
ふるさとマルシェ

神秘深邃

神秘深邃的色彩调性主要通过中高明度、中高纯度的不同色相搭配组合，常见渐变融汇的色彩。

奇幻 · 迷离 · 怪奇 · 诡秘 · 迷惑 · 多变 · 科幻 · 清幽 · 僻静 · 低调 · 复古 · 沉稳

C0 R254	C0 R244	C0 R230	C0 R229	C80 R37	C80 R83
M15 G221	M40 G180	M100 G0	M100 G0	M40 G127	M95 G38
Y60 B120	Y0 B208	Y100 B18	Y20 B110	Y25 B164	Y0 B138
K0	K0	K0	K0	K0	K0

C10 R227	C50 R130	C70 R75	C90 R42	C100 R29	C100 R16
M5 G231	M10 G193	M34 G142	M78 G68	M100 G32	M100 G22
Y5 B234	Y0 B234	Y0 B204	Y0 B154	Y0 B136	Y40 B73
K5	K0	K0	K0	K0	K40

C8 R246	C38 R169	C24 R196	C89 R14	C85 R73	C95 R39
M3 G243	M6 G209	M70 G102	M62 G93	M100 G35	M100 G32
Y42 B172	Y22 B204	Y12 B152	Y9 B162	Y18 B121	Y35 B93
K0	K0	K0	K0	K0	K20

C0 R252	C10 R225	C6 R230	C46 R166	C56 R118	C80 R89
M20 G213	M56 G137	M56 G141	M93 G44	M11 G184	M95 G45
Y54 B131	Y58 B100	Y10 B172	Y18 B131	Y31 B181	Y17 B132
K0	K0	K0	K0	K0	K0

C14 R229	C0 R252	C0 R241	C0 R233	C20 R199	C60 R122
M0 G236	M21 G210	M55 G143	M82 G78	M95 G26	M60 G108
Y46 B162	Y69 B94	Y55 B105	Y38 B107	Y10 B126	Y25 B146
K0	K0	K0	K0	K0	K0

C40 R168	C65 R89	C75 R52	C100 R0	C90 R0	C0 R35
M0 G209	M20 G152	M20 G132	M40 G93	M50 G90	M0 G24
Y60 B130	Y50 B131	Y100 B47	Y60 B90	Y90 B57	Y0 B21
K0	K0	K20	K30	K25	K100

C45 R158	C65 R96	C95 R0	C90 R7	C45 R157	C60 R118
M15 G182	M45 G110	M50 G92	M68 G42	M45 G140	M40 G139
Y100 B27	Y100 B40	Y100 B51	Y92 B25	Y50 B123	Y40 B143
K0	K20	K20	K60	K0	K0

C40 R170	C35 R182	C55 R131	C65 R96	C65 R90	C92 R0
M30 G167	M25 G177	M15 G173	M45 G110	M65 G76	M60 G79
Y65 B106	Y85 B64	Y100 B40	Y100 B40	Y80 B54	Y70 B74
K0	K0	K0	K20	K30	K25

C40 R168	C60 R118	C95 R0	C100 R16	C90 R22	C90 R20
M0 G209	M40 G139	M50 G92	M100 G25	M70 G57	M80 G35
Y60 B130	Y40 B143	Y100 B51	Y60 B58	Y40 B59	Y70 B43
K0	K0	K20	K40	K40	K55

C80 R57	C80 R57	C90 R0	C45 R157	C65 R90	C85 R29
M46 G114	M55 G92	M40 G96	M45 G140	M65 G76	M80 G31
Y80 B79	Y80 B67	Y60 B90	Y50 B123	Y80 B54	Y75 B34
K5	K20	K30	K0	K30	K60

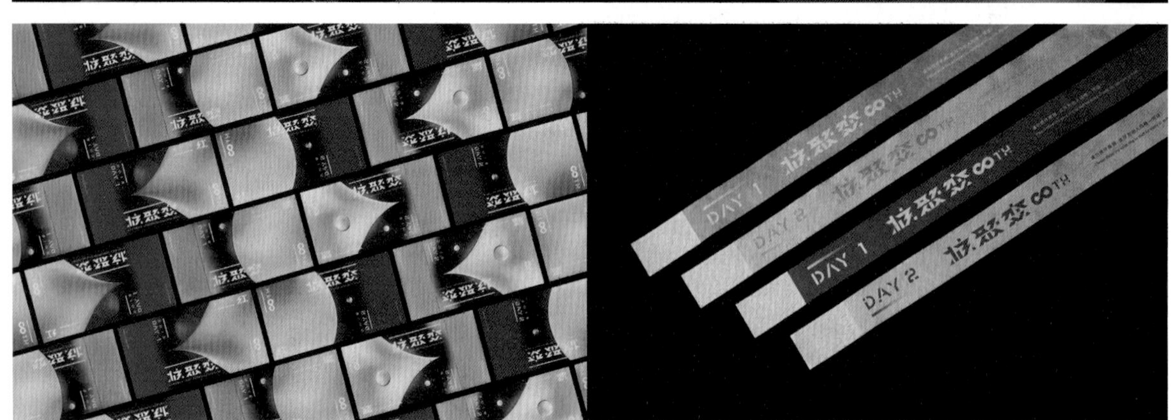

C55 M5 Y85 K0　C55 M5 Y85 K0　C0 M20 Y90 K0

核聚变 8TH

“核聚变”是一个游戏嘉年华展览。在第八届展览来临之际，主办方设计了全新的视觉形象，除了优秀的字体和符号之外，更加特别的是对色彩的应用。设计师采用迷幻、神秘、深远的色彩组合，创造了一套非常吸引眼球的活动视觉形象。

设计：曾国展

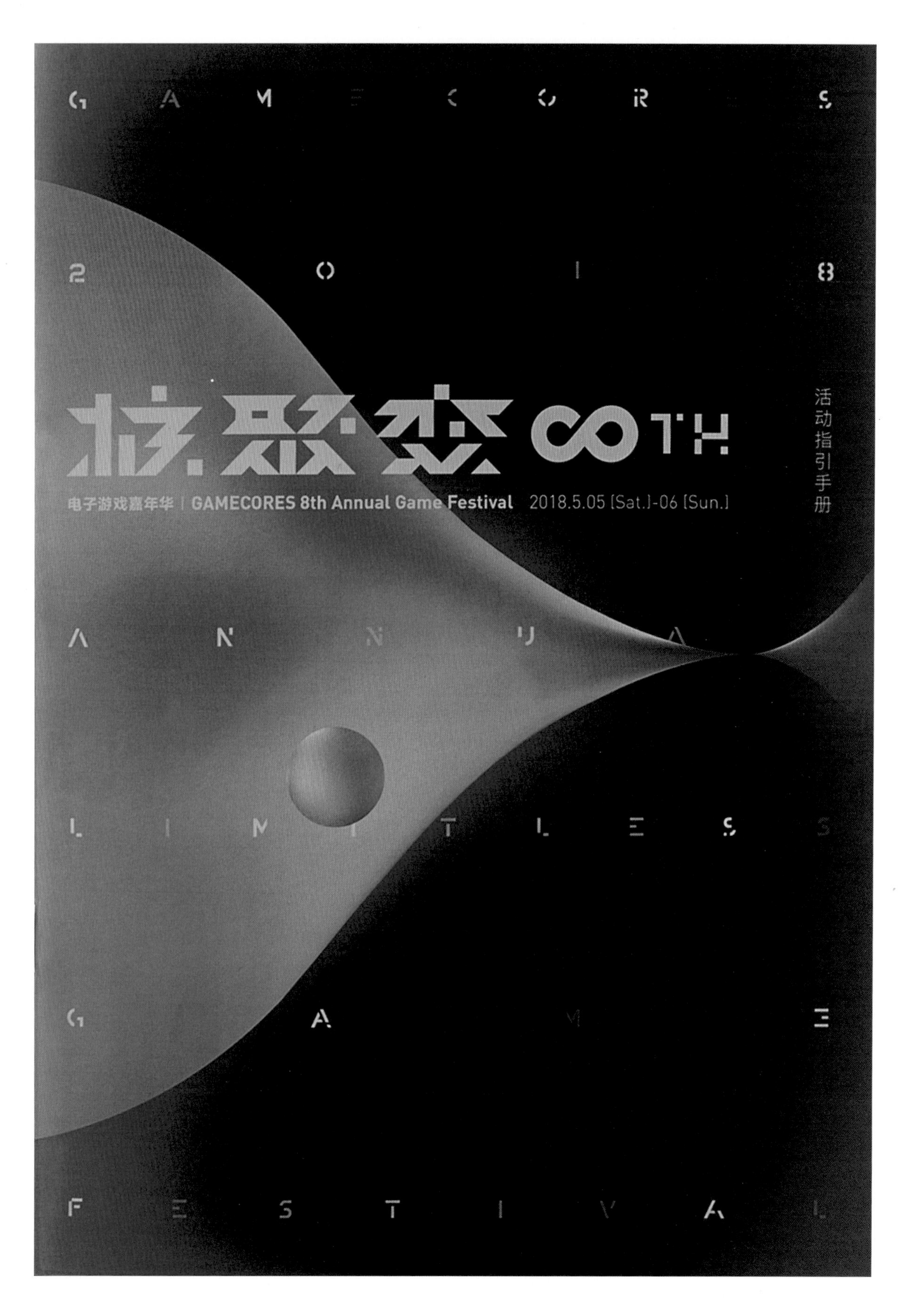
G A M E C O R E S
2 0 1 8
8TH
电子游戏嘉年华 | GAMECORES 8th Annual Game Festival
2018.5.05 [Sat.]-06 [Sun.]
活动指引手册
A N N U A
L I M I T L E S S
G A M E
F E S T I V A L

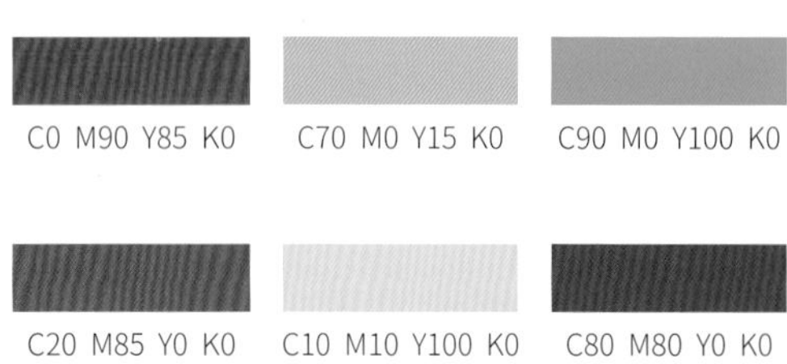

自由探索

这是平面设计师、数字艺术家 Alycia Rainaud 的一个视觉探索项目。她对心理学和音乐尤为喜爱，所以在创作时色彩的应用都偏向于迷离、神秘、多变的感觉。

设计：Alycia Rainaud

HEATWAVE

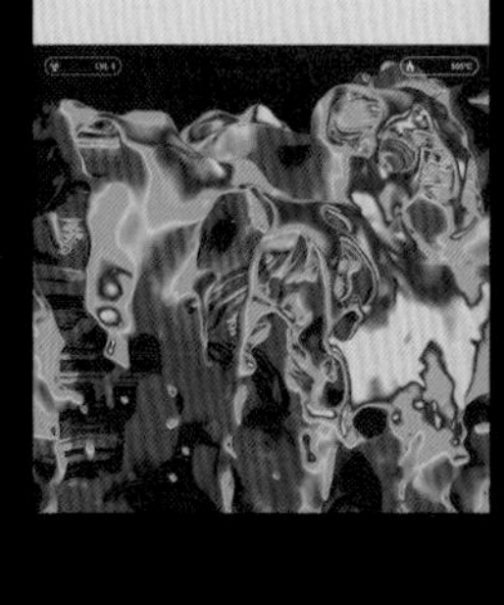

BINGO

BINGO

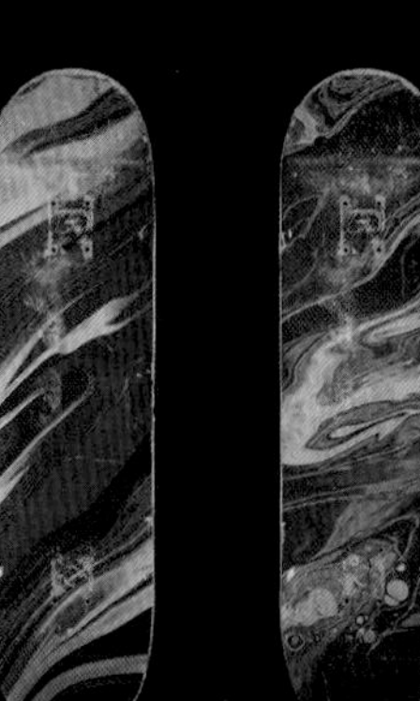

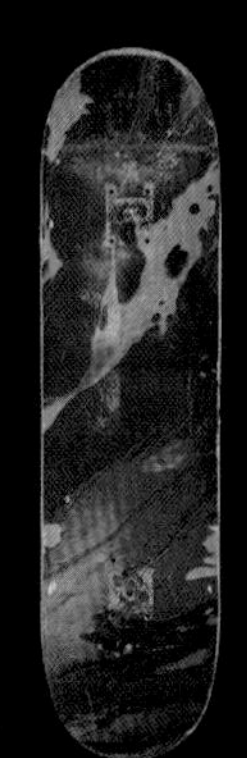

NUISANCES
PRS FR
MUSIC + EVENTS

NICEBOYS
WE
CARE
D-C60
TDK

DEAD
INSIDE
HOW TO SELL ANXIETY ONLINE
PUT THE FUN IN FUNERAL

WE
NICEBOYS
CARE

DO NOT BEND

Boarding Pass
AIR ANXIETY™

AIR ANXIETY™
Boarding Pass
Passenger
MALA VIDA
Date
DECEMBER 12, 2012
Flight
KO 505
From
BRAIN – BRA
To
ISSUES – ISS
Gate
A00
Boarding Time
02:00
Seat
N/A
Flight
KO 505
Seat
N/A

沉稳静穆

沉稳静穆的色彩调性分为两个方向，一个是以低明度、低纯度的不同色相搭配组合，另一个是以高明度、低纯度的不同色相搭配组合。

静谧 · 宁静 · 安逸 · 惬意 · 内敛 · 淡然 · 稳重 · 认真 · 沉着 · 从容 · 端庄 · 儒雅

C15 R223	C50 R128	C60 R79	C20 R200	C40 R167	C100 R25
M15 G215	M60 G96	M80 G42	M100 G22	M100 G33	M100 G37
Y25 B194	Y70 B72	Y100 B17	Y100 B30	Y100 B38	Y60 B72
K0	K20	K50	K0	K0	K20

C15 R223	C0 R245	C50 R147	C50 R128	C100 R0	C65 R71
M15 G215	M40 G177	M45 G136	M60 G96	M65 G87	M75 G47
Y25 B194	Y30 B162	Y70 B91	Y70 B72	Y50 B112	Y100 B19
K0	K0	K0	K20	K0	K50

C5 R245	C25 R201	C0 R234	C30 R184	C90 R57	C100 R21
M10 G229	M40 G159	M80 G85	M100 G28	M95 G39	M100 G31
Y40 B169	Y80 B69	Y75 B57	Y100 B34	Y0 B139	Y60 B65
K0	K0	K0	K0	K0	K30

C10 R232	C40 R169	C25 R198	C70 R81	C90 R0	C100 R0
M10 G211	M32 G164	M60 G121	M40 G113	M50 G94	M80 G60
Y20 B199	Y60 B114	Y100 B21	Y100 B43	Y80 B70	Y90 B54
K0	K0	K0	K20	K20	K20

C40 R169	C50 R116	C75 R59	C100 R0	C100 R0	C100 R30
M35 G159	M50 G101	M40 G130	M65 G87	M70 G69	M100 G48
Y60 B112	Y60 B81	Y0 B197	Y55 B106	Y30 B115	Y80 B66
K0	K30	K0	K0	K20	K0

C12 R230	C30 R190	C55 R124	C15 R222	C45 R125	C65 R46
M8 G231	M20 G194	M45 G126	M30 G186	M50 G103	M65 G36
Y10 B228	Y24 B189	Y45 B123	Y50 B133	Y60 B81	Y65 B33
K0	K0	K10	K0	K30	K70

C12 R229	C10 R232	C24 R201	C45 R156	C65 R115	C55 R124
M10 G228	M20 G211	M36 G171	M50 G133	M75 G82	M45 G126
Y10 B226	Y15 B207	Y23 B176	Y30 B150	Y60 B91	Y45 B123
K0	K0	K0	K0	K0	K10

C12 R230	C50 R144	C14 R226	C40 R166	C25 R200	C55 R130
M8 G231	M40 G146	M8 G228	M15 G192	M10 G216	M40 G143
Y12 B225	Y35 B151	Y18 B214	Y35 B172	Y10 B224	Y25 B166
K0	K0	K0	K0	K0	K0

C12 R230	C25 R200	C35 R178	C10 R231	C65 R109	C80 R71
M8 G231	M20 G199	M30 G174	M25 G201	M50 G121	M65 G93
Y10 B225	Y17 B202	Y30 B169	Y25 B185	Y55 B113	Y50 B111
K0	K0	K0	K0	K0	K0

C8 R238	C15 R223	C15 R222	C30 R190	C60 R96	C65 R46
M8 G234	M15 G215	M30 G186	M20 G194	M80 G54	M65 G36
Y12 B225	Y20 B203	Y50 B133	Y28 B182	Y80 B46	Y65 B33
K0	K0	K0	K0	K35	K70

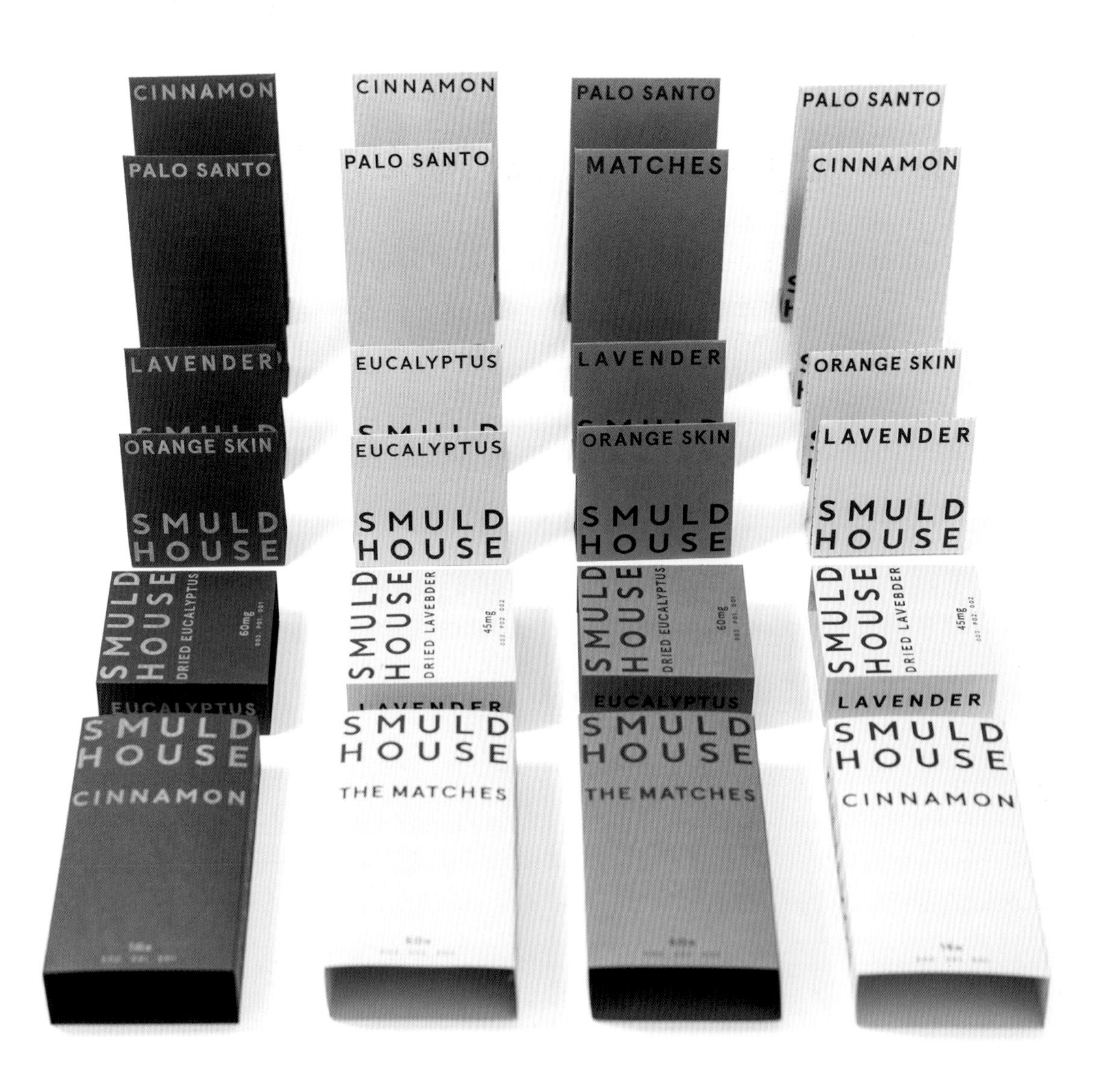

C80 M75 Y65 K30	C20 M15 Y15 K0	C60 M60 Y60 K0	C15 M15 Y15 K0

SMULD HOUSE 家居香氛系列包装

该产品有别于市面上现有香氛袋的形式，直接展示香氛原材料，以此追求更加天然的体验。

设计师基于产品的定位和形态采用宁静、沉着、安逸的自然色调进行设计。

设计 : Tai Chen

SMULD HOUSE
TRAY & DISH
SMULD HOUSE
PRICE & ITEM LIST
SCENTED IDENTITY
The Whole Kit $79.99
CHECK SOMETHING SMULD OUT
HOW ABOUT JUST GET A SMULD KIT FIRST?!
SMULD HOUSE
PRICE & ITEM LIST
Cinnamon
Pottery Dish
Dried Eucalyptus
Dried Orange Skin
Lavender
Matches
Palo Santo
Tools Kit
Herb Grinder
Brass Tray

Cinnamon
Dried Eucalyptus
SMULD HOUSE
Cinnamon
Dried Eucalyptus

SMULD HOUSE
Cinnamon
Dried Eucalyptus
Brass Tray & Pottery Dish
SMULD HOUSE
Dried Eucalyptus

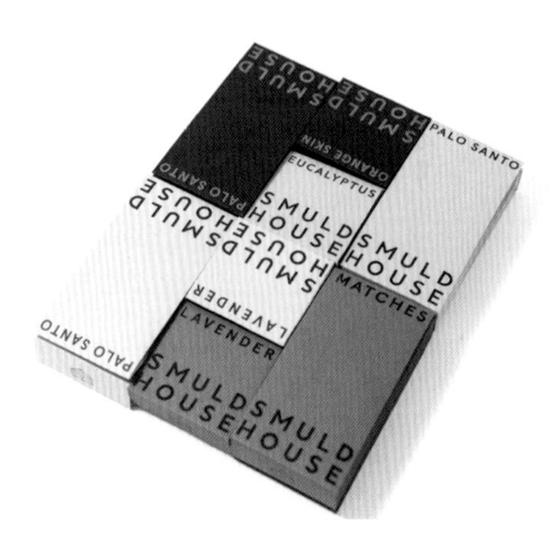
SMULD HOUSE
PALO SANTO
ORANGE SKIN
EUCALYPTUS
MATCHES
LAVENDER
PALO SANTO

SMULD HOUSE
HERB GRINDER

SMULD HOUSE
DRIED EUCALYPTUS
60mg

SMULD HOUSE
DRIED LAVEBDER
45mg

SMULD HOUSE
CINNAMON
CINNAMON

SMULD HOUSE
TRAY & DISH
2x

SMULD HOUSE
THE MATCHES
THE MATCHES

C0 M40 Y30 K0　C5 M50 Y60 K0　C5 M10 Y10 K0　C53 M77 Y91 K25

pnb 工作室品牌形象

这是一家专注于建筑、室内和景观设计的工作室。

工作室注重沉稳、静谧和智慧的工作氛围，所以设计师在设计

其对外品牌形象时选用沉稳静穆的色调组合来传递这种感觉。

设计 : Jimmi Tuan, Tonbui, Huy Nguyen

services
approach
core value
about

醇厚浓郁

醇厚浓郁的色彩调性以低明度、中高纯度的不同色相搭配组合为主，厚重的暖色系是主调。

矜重 · 质朴 · 安定 · 务实 · 稳当 · 醇香 ·厚重 · 丝滑 · 浓郁 · 飘香 · 浓烈

C5 R238	C30 R190	C35 R179	C80 R52	C55 R109	C65 R67
M2 G241	M40 G158	M60 G118	M60 G74	M80 G58	M85 G31
Y5 B238	Y58 B112	Y70 B81	Y100 B37	Y85 B44	Y90 B22
K10	K0	K0	K35	K30	K55

C0 R239	C10 R233	C18 R214	C15 R219	C30 R163	C54 R110
M0 G239	M15 G220	M35 G176	M40 G167	M65 G95	M81 G56
Y0 B239	Y15 B213	Y35 B157	Y50 B126	Y80 B53	Y91 B37
K10	K0	K0	K0	K20	K31

C15 R223	C20 R183	C50 R98	C30 R163	C65 R67	C35 R177
M15 G215	M25 G167	M55 G79	M65 G95	M85 G31	M82 G76
Y20 B203	Y35 B144	Y75 B49	Y80 B53	Y90 B22	Y72 B69
K0	K20	K45	K20	K55	K0

C26 R200	C45 R157	C18 R212	C30 R164	C55 R110	C80 R52
M16 G202	M28 G167	M49 G147	M60 G104	M85 G51	M50 G106
Y39 B165	Y56 B124	Y63 B96	Y80 B54	Y90 B38	Y35 B133
K0	K0	K0	K20	K30	K10

C15 R224	C30 R193	C50 R130	C30 R190	C80 R52	C55 R108
M15 G213	M20 G190	M30 G145	M40 G158	M60 G74	M65 G79
Y35 B175	Y65 B109	Y55 B113	Y58 B112	Y100 B37	Y70 B63
K0	K0	K15	K0	K35	K30

C20 R195	C20 R183	C55 R108	C54 R112	C65 R61	C80 R30
M50 G135	M25 G167	M65 G79	M81 G57	M85 G27	M85 G16
Y60 B95	Y35 B144	Y70 B63	Y91 B37	Y92 B16	Y90 B10
K10	K20	K30	K31	K60	K70

C40 R128	C55 R108	C70 R72	C45 R142	C65 R109	C75 R66
M55 G93	M65 G79	M65 G16	M60 G103	M80 G69	M38 G123
Y80 B48	Y70 B63	Y100 B29	Y40 B114	Y60 B83	Y60 B106
K35	K30	K40	K15	K10	K10

C20 R211	C40 R113	C24 R123	C80 R52	C80 R46	C85 R25
M35 G173	M70 G62	M90 G26	M45 G112	M50 G84	M70 G40
Y50 B130	Y75 B42	Y70 B34	Y65 B96	Y100 B38	Y100 B18
K0	K45	K50	K10	K35	K60

C15 R222	C12 R212	C30 R189	C25 R105	C45 R70	C10 R99
M24 G198	M31 G175	M55 G130	M75 G42	M90 G6	M95 G0
Y34 B169	Y45 B134	Y58 B102	Y92 B1	Y85 B3	Y50 B26
K0	K10	K0	K60	K70	K70

C8 R239	C15 R207	C40 R138	C60 R101	C83 R47	C65 R46
M8 G232	M25 G185	M70 G78	M79 G59	M68 G64	M65 G36
Y25 B201	Y20 B181	Y75 B55	Y75 B54	Y80 B53	Y65 B33
K0	K10	K27	K30	K35	K70

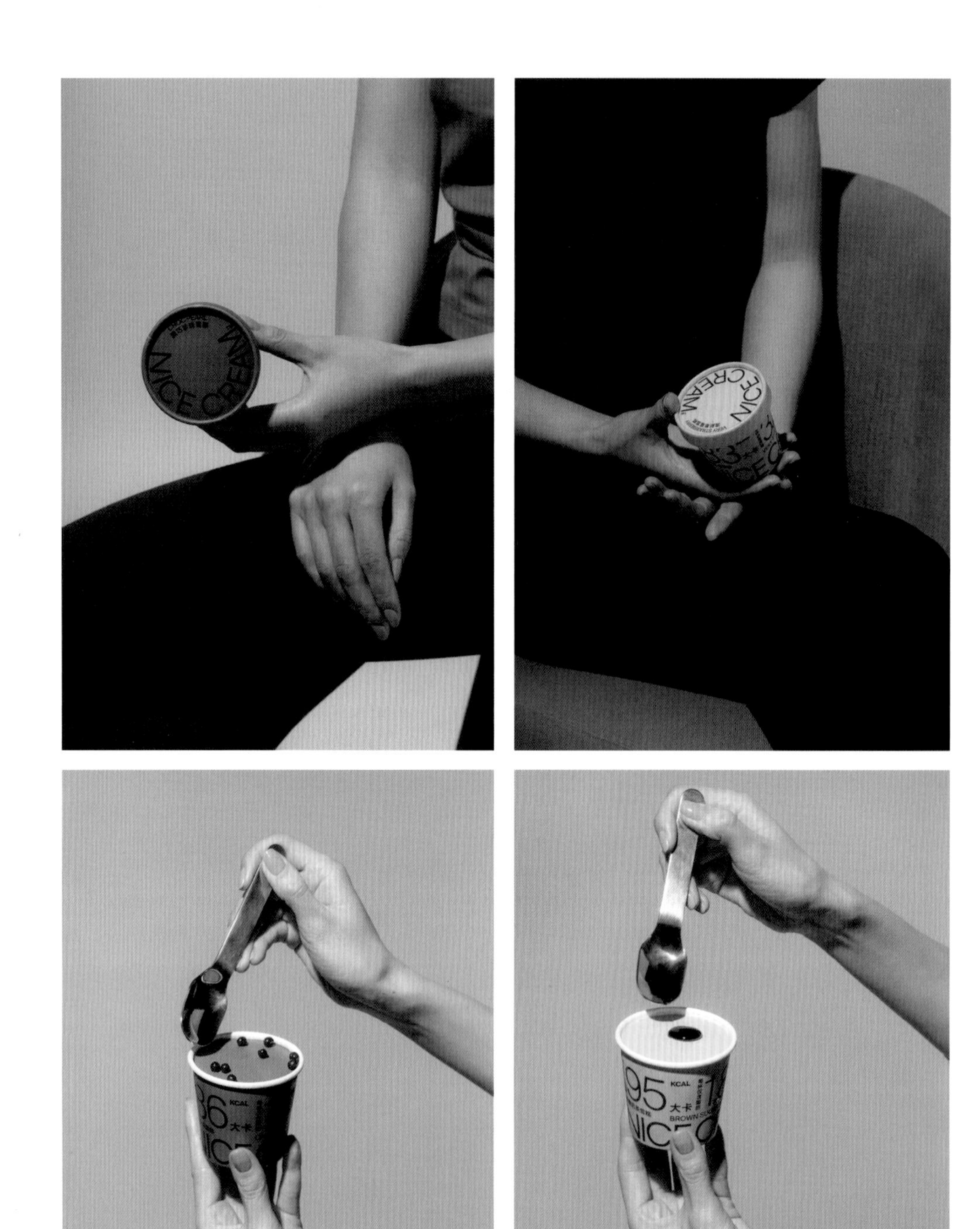

NICE CREAM 冰激凌包装

NICE CREAM 冰激凌以天然、健康为卖点。客户方希望产品能拥有一款独特的包装来吸引更多的消费者。设计师通过字体和色彩的搭配，很好地传递出冰激凌的丝滑、醇香、可口。

设计 : Gao Han

C0 M45 Y20 K0

C40 M5 Y65 K0

C60 M70 Y60 K10

C10 M40 Y35 K0

C0 M25 Y85 K0

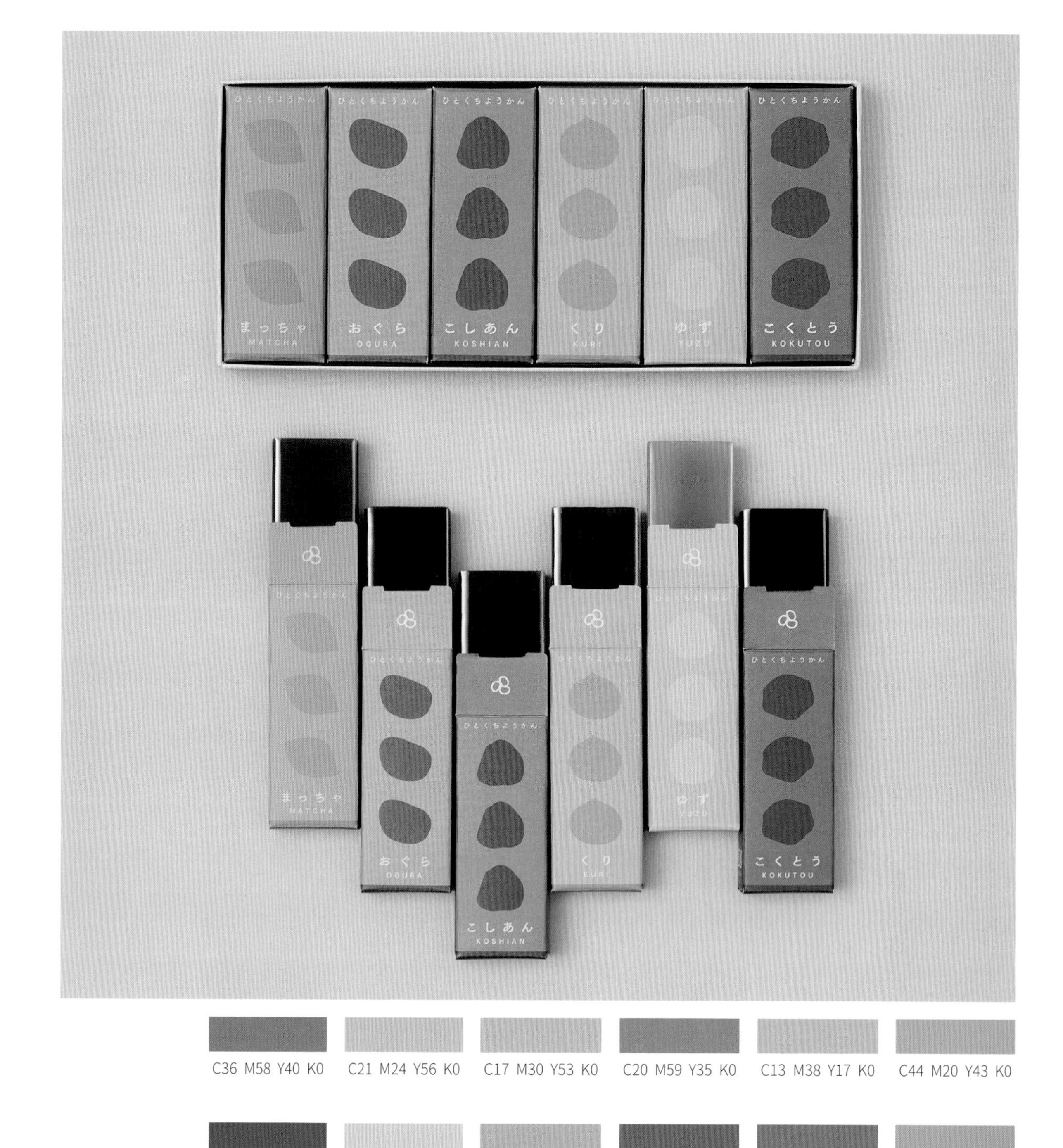

都松庵羊羹

羊羹是一种由红豆、糖和琼脂（有的还会加入栗子或红薯）制成的日式传统点心，通常以块状出售，切片食用。

这款来自日本的都松庵羊羹的包装色彩能够很好地表现出不同口味的区分，同时传达羊羹香甜美味的特点。

设计 : Marin Osamura

都松庵
TOSHŌAN KYOTO
おぐら
OGURA
まっちゃ
MATCHA
こしあん
TOSHŌAN KYOTO

第五章

色谱

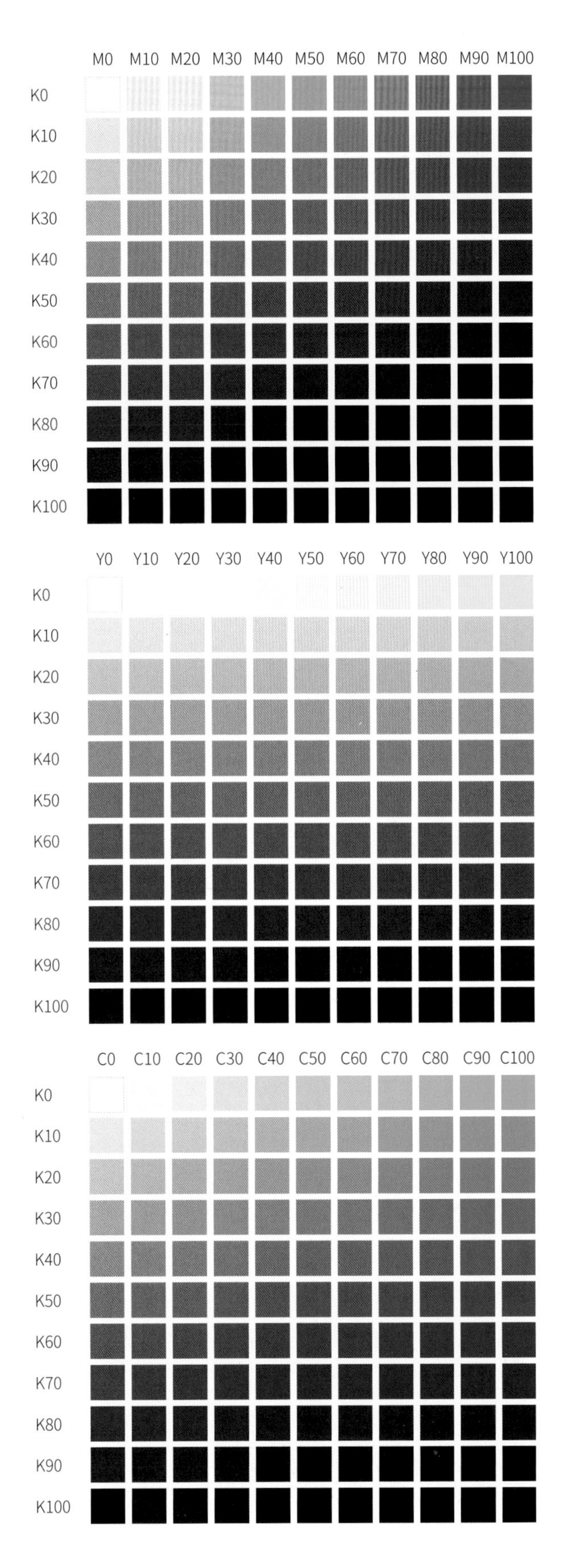
M0 M10 M20 M30 M40 M50 M60 M70 M80 M90 M100
K0
K10
K20
K30
K40
K50
K60
K70
K80
K90
K100
Y0 Y10 Y20 Y30 Y40 Y50 Y60 Y70 Y80 Y90 Y100
K0
K10
K20
K30
K40
K50
K60
K70
K80
K90
K100
C0 C10 C20 C30 C40 C50 C60 C70 C80 C90 C100
K0
K10
K20
K30
K40
K50
K60
K70
K80
K90
K100

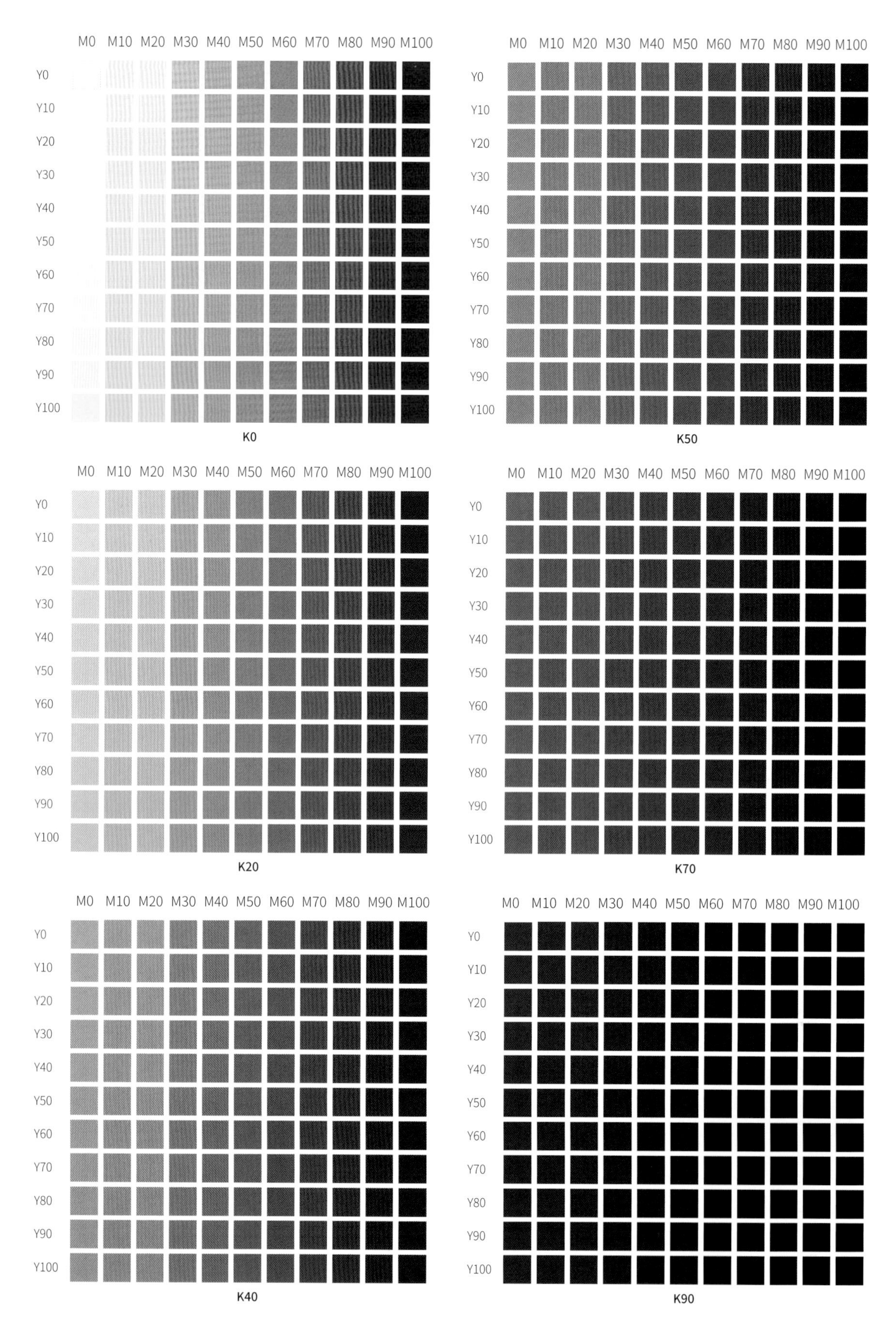
M0 M10 M20 M30 M40 M50 M60 M70 M80 M90 M100
Y0
Y10
Y20
Y30
Y40
Y50
Y60
Y70
Y80
Y90
Y100
K0
K50
K20
K70
K40
K90

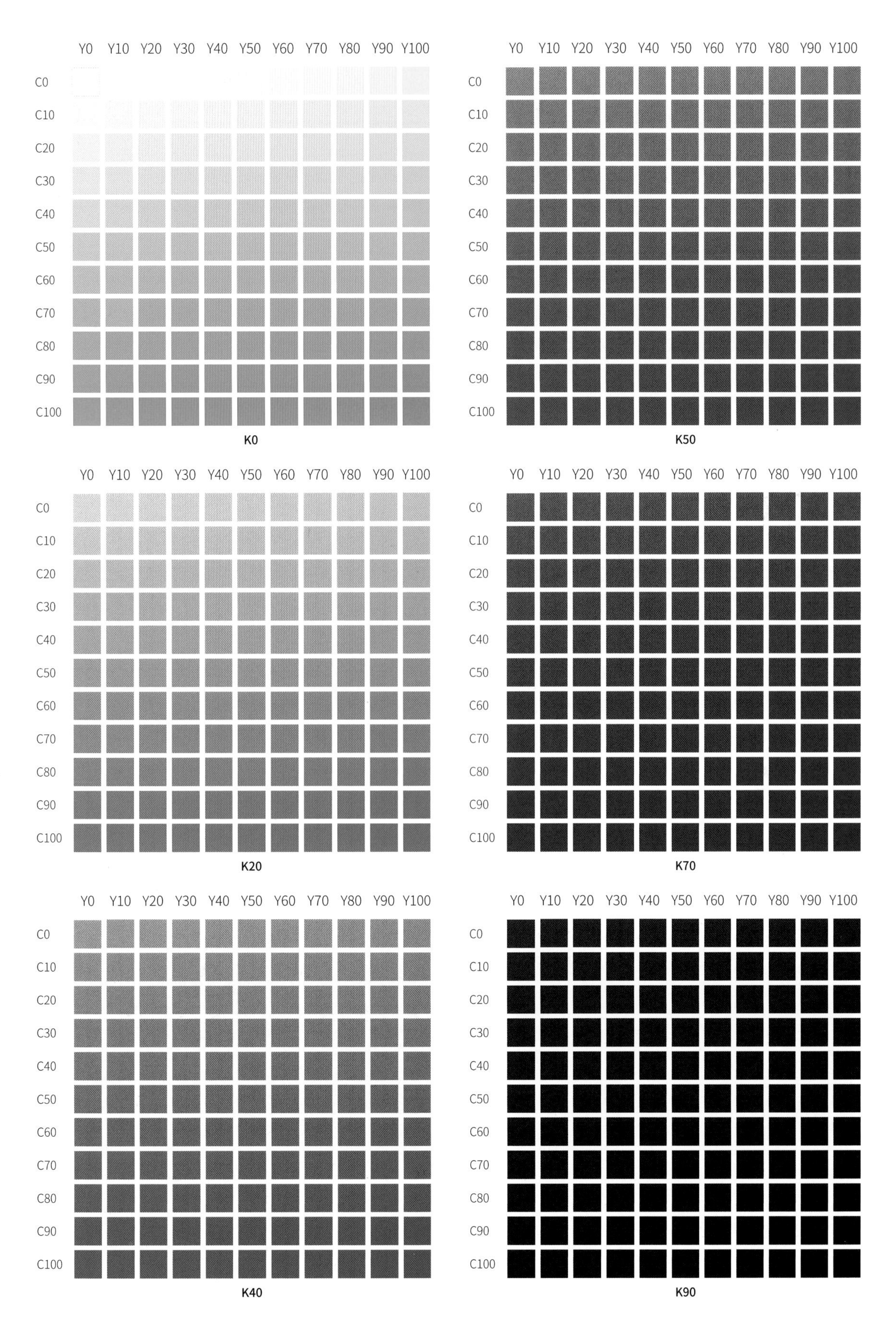
Y0 Y10 Y20 Y30 Y40 Y50 Y60 Y70 Y80 Y90 Y100
C0
C10
C20
C30
C40
C50
C60
C70
C80
C90
C100
K0
Y0 Y10 Y20 Y30 Y40 Y50 Y60 Y70 Y80 Y90 Y100
C0
C10
C20
C30
C40
C50
C60
C70
C80
C90
C100
K50
Y0 Y10 Y20 Y30 Y40 Y50 Y60 Y70 Y80 Y90 Y100
C0
C10
C20
C30
C40
C50
C60
C70
C80
C90
C100
K20
Y0 Y10 Y20 Y30 Y40 Y50 Y60 Y70 Y80 Y90 Y100
C0
C10
C20
C30
C40
C50
C60
C70
C80
C90
C100
K70
Y0 Y10 Y20 Y30 Y40 Y50 Y60 Y70 Y80 Y90 Y100
C0
C10
C20
C30
C40
C50
C60
C70
C80
C90
C100
K40
Y0 Y10 Y20 Y30 Y40 Y50 Y60 Y70 Y80 Y90 Y100
C0
C10
C20
C30
C40
C50
C60
C70
C80
C90
C100
K90

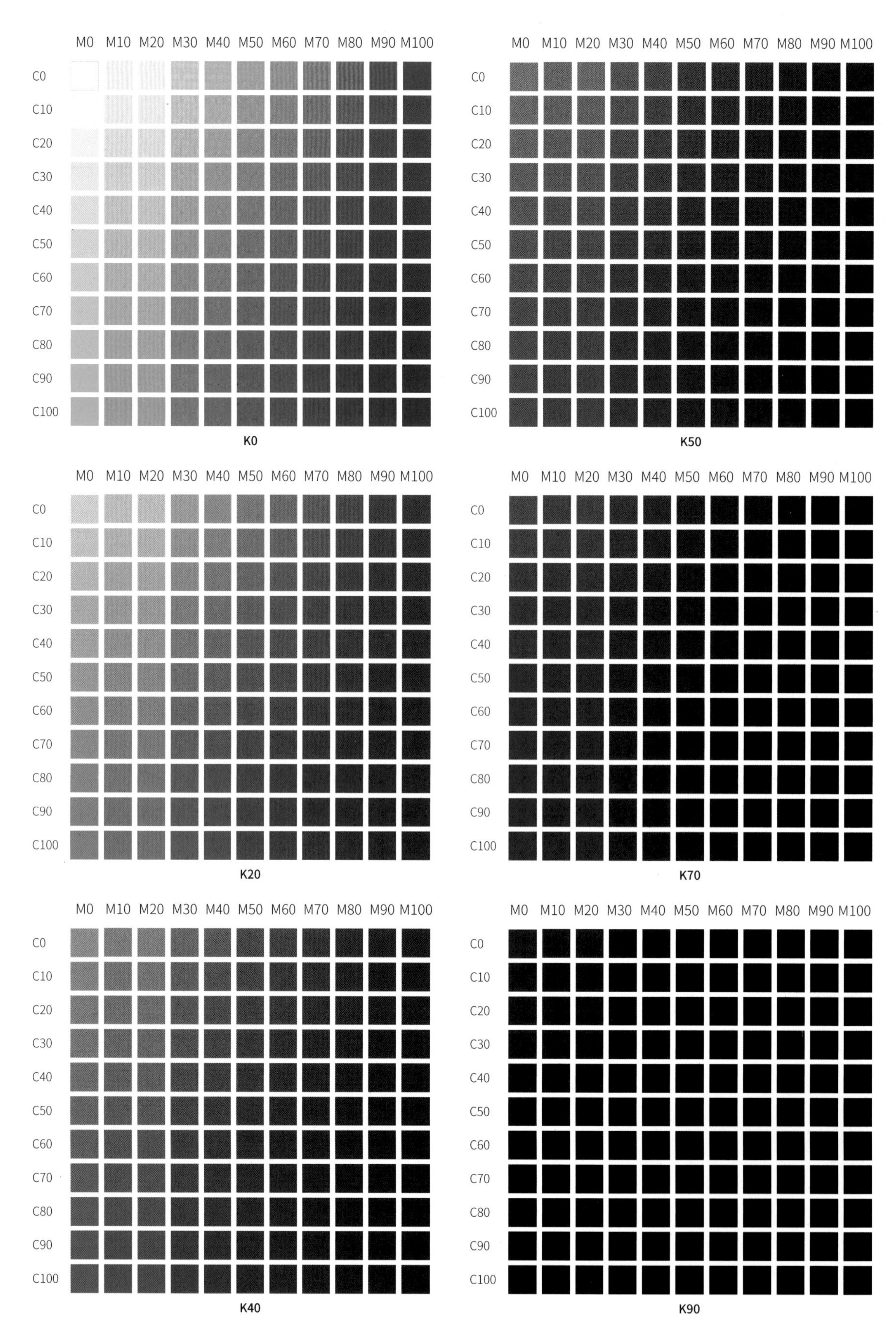
M0 M10 M20 M30 M40 M50 M60 M70 M80 M90 M100
C0 C10 C20 C30 C40 C50 C60 C70 C80 C90 C100
K0
K50
K20
K70
K40
K90

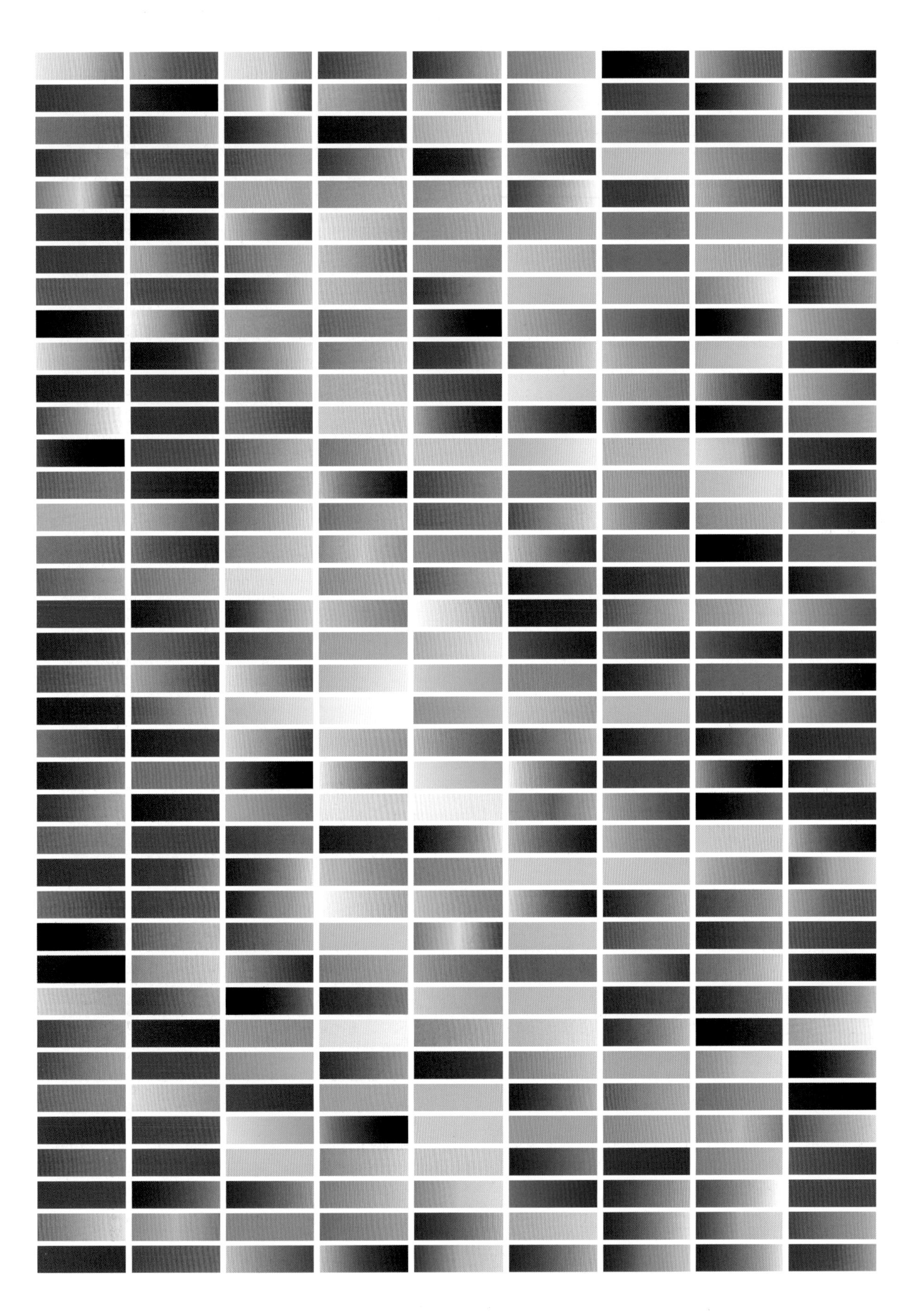

致 谢

该书得以顺利出版，全靠所有参与本书制作的设计公司与设计师的支持与配合。gaatii 光体由衷地感谢各位，并希望日后能有更多机会合作。

gaatii 光体诚意欢迎投稿。如果您有兴趣参与图书出版，请把您的作品或者网页发送到邮箱：chaijingjun@gaatii.com。